致密油藏体积压裂
水平井渗流模型

任宗孝　著

中国石化出版社

图书在版编目（CIP）数据

致密油藏体积压裂水平井渗流模型／任宗孝著．
—北京：中国石化出版社，2019.3
ISBN 978-7-5114-5229-0

Ⅰ.①致… Ⅱ.①任… Ⅲ.①致密砂岩-砂岩油气藏-压裂-水平井-渗流模型 Ⅳ.①TE343

中国版本图书馆 CIP 数据核字（2019）第 035867 号

未经本社书面授权，本书任何部分不得被复制、抄袭，或者以任何形式或任何方式传播。版权所有，侵权必究。

中国石化出版社出版发行
地址：北京市朝阳区吉市口路9号
邮编：100020 电话：（010）59964500
发行部电话：（010）59964526
http://www.sinopec-press.com
E-mail:press@sinopec.com
北京科信印刷有限公司印刷
全国各地新华书店经销

*

850×1168 毫米 32 开本 4.5 印张 203 千字
2019 年 3 月第 1 版 2019 年 3 月第 1 次印刷
定价：40.00 元

前　　言

  我国致密油藏资源储量丰富,长庆油田、延长油田、吉林油田以及新疆油田等均已采用体积压裂水平井技术对致密油藏进行开发。大规模压裂后的致密储层同时含有纳米级基质孔隙、微米级天然微裂缝、毫米级人工裂缝(裂缝宽度)以及米级水平井筒四种多尺度渗流介质,导致致密油藏存在"基质(nm) - 天然微裂缝(μm) - 压裂裂缝(mm,裂缝的宽度) - 井筒(m)"多尺度耦合流动。如何模拟致密油藏多尺度耦合流动是一项十分具有挑战性的研究工作。

  为建立致密油藏体积压裂水平井多尺度耦合渗流模型,笔者在多年研究的基础上,经过不断地积累和完善,编写完成了《致密油藏体积压裂水平井渗流模型》一书。全书共分为5章,第1章介绍了国内外致密油藏水平井、压裂水平井渗流模型研究现状。第2章介绍了考虑双重介质以及应力敏感的点源函数、线源函数以及面源函数的建立过程,基于面源函数建立了分段压裂水平井渗流模型。第3章建立了各向异性致密油藏体积压裂水平井渗流模型,在建立模型过程中,考虑了油藏各向异性、倾斜裂缝、射孔孔眼压降以及水平井筒变质量管流压降等多种因素的影响。第4章基于致密油藏体积压裂水平井渗流模型,论述了体积压裂水平井的渗流规律,并对关键参数进行了敏感性分析。第5章考虑井间裂缝的相互干扰,建立了致密油藏多口体积压裂水平井渗流模型。

同时基于该模型划分了多口体积压裂水平井渗流阶段,并对关键性参数进行了敏感性分析。

本书由西安石油大学优秀学术著作出版基金以及国家自然科学基金"基于边界元方法的致密油藏体积压裂水平井多尺度、多机理耦合流动模型研究(编号:51804258)"联合资助出版。在编写过程中,得到了中国石油大学(北京)吴晓东教授、韩国庆教授,西安石油大学徐建平教授、蒋海岩教授、曹毅博士的指导和帮助,在此一并表示衷心的感谢。另外,对本书所引用的相关研究资料的著作者和其他相关研究人员表示感谢,由于篇幅有限在此不能一一列举,深表歉意。

限于笔者水平,书中难免存在不妥之处,敬请各位专家同行批评指正。

目　　录

第1章　概述 ⋯⋯⋯⋯⋯⋯⋯⋯⋯⋯⋯⋯⋯⋯⋯⋯⋯⋯（1）
 1.1　致密油藏压后储层特征 ⋯⋯⋯⋯⋯⋯⋯⋯⋯⋯⋯（2）
 1.2　国内外相关研究进展 ⋯⋯⋯⋯⋯⋯⋯⋯⋯⋯⋯⋯（4）
 1.3　当前主要存在问题 ⋯⋯⋯⋯⋯⋯⋯⋯⋯⋯⋯⋯⋯（19）
 1.4　致密油藏体积压裂水平井半解析渗流模型问题突破 ⋯（21）
 1.5　小结 ⋯⋯⋯⋯⋯⋯⋯⋯⋯⋯⋯⋯⋯⋯⋯⋯⋯⋯（22）

第2章　致密油藏源函数的建立 ⋯⋯⋯⋯⋯⋯⋯⋯⋯⋯（23）
 2.1　物理模型描述 ⋯⋯⋯⋯⋯⋯⋯⋯⋯⋯⋯⋯⋯⋯⋯（24）
 2.2　应力敏感无限大致密油藏点源函数的建立 ⋯⋯⋯⋯（25）
 2.3　无限大封闭板状致密油藏源函数 ⋯⋯⋯⋯⋯⋯⋯⋯（30）
 2.4　无限大封闭板状油藏分段压裂水平井压力模型研究 ⋯（32）
 2.5　模型正确性验证及结果分析 ⋯⋯⋯⋯⋯⋯⋯⋯⋯⋯（34）
 2.6　小结 ⋯⋯⋯⋯⋯⋯⋯⋯⋯⋯⋯⋯⋯⋯⋯⋯⋯⋯（40）

第3章　致密油藏体积压裂水平井单井渗流模型 ⋯⋯⋯⋯（42）
 3.1　各向异性致密油藏单口体积压裂水平井油藏渗流
　　　模型 ⋯⋯⋯⋯⋯⋯⋯⋯⋯⋯⋯⋯⋯⋯⋯⋯⋯⋯（44）
 3.2　复杂缝网内渗流模型 ⋯⋯⋯⋯⋯⋯⋯⋯⋯⋯⋯⋯（50）
 3.3　射孔孔眼渗流模型 ⋯⋯⋯⋯⋯⋯⋯⋯⋯⋯⋯⋯⋯（59）

3.4　水平井筒变质量管流模型 ·················· （60）

3.5　小结 ······································· （63）

第4章　致密油藏体积压裂水平井单井渗流模型计算分析 ··· （64）

4.1　渗流模型正确性验证 ······················· （65）

4.2　致密油藏体积压裂水平井单井渗流模型敏感性分析 ··· （73）

4.3　体积压裂水平井布缝方式敏感性分析 ············ （82）

4.4　小结 ······································· （91）

第5章　致密油藏体积压裂水平井多井渗流模型 ········· （93）

5.1　致密油藏体积压裂水平井多井渗流模型 ·········· （93）

5.2　致密油藏多口体积压裂水平井渗流阶段划分 ······· （103）

5.3　致密油藏体积压裂水平井多井渗流模型计算分析 ··· （107）

5.4　小结 ······································· （116）

参考文献 ·· （118）

附件A　无因次变量定义 ·························· （132）

附件B　定解条件 ································ （133）

附件C　致密油藏体积压裂水平井多井产能模型敏感性分析 ··· （135）

C.1　地层渗透率模量敏感性分析 ··················· （135）

C.2　储容比敏感性分析 ··························· （136）

C.3　窜流系数敏感性分析 ························· （137）

第1章 概 述

随着经济的发展，人类对油气资源需求日益增加，而常规油气资源供给逐渐减少，油气资源供给与需求的矛盾日益突出。北美巴肯地区致密油藏的成功开发，使致密油藏的开发成为焦点。我国致密油藏资源丰富，资源储量约为 $44 \times 10^8 t$ 居世界第三位。目前，国内致密油的开发正处于初级阶段，长庆油田、吉林油田、新疆油田、延长油田等已采用体积压裂水平井对致密油藏进行开发。取得了一定成功，但远未进入工业化生产。因此，加快致密油藏开发对保障国家能源需求具有重要战略意义。

与常规油藏相比，致密油藏物性差，渗透率极低，不进行压裂几乎无工业性油流。国内外开发实践证明，水平井和大型水力压裂技术是成功开发致密油藏的关键。井下微地震监测数据显示，水平井进行大型水力压裂后，人工裂缝和天然裂缝可以在近井区域形成复杂的裂缝网络，即体积压裂改造区。裂缝网络大幅度增加了泄油面积，减小了近井渗流阻力，从而提高了致密油藏的初始产能和最终采收率。

尽管致密油藏采用体积压裂水平井开发，在一定程度上取得了成功，但仍存在对体积压裂水平井渗流规律认识不清的问题。因此，本书在充分调研国内外相关研究的基础上，结合致密油藏储层特征。应用油藏渗流力学、油藏工程以及数学物理等方法，建立了致密油藏体积压裂水平井半解析渗流模型。揭示了致密油藏体积压裂水平井渗流规律，并通过参数敏感性提出了提高体积压裂水平井产能的技术对策，为我国致密油藏的高效开发提供了理论基础。

1.1 致密油藏压后储层特征

我国学者贾承造等（2012）认为，致密油是指以吸附或游离状态赋存于生油岩中或与生油岩互层、紧邻的致密砂岩、致密碳酸盐岩等储集岩中，未经过大规模长距离运移的石油聚集。致密油藏孔隙度小于10%，基质覆压渗透率小于$0.1 \times 10^{-3} \mu m^2$。2015年，杨智等利用扫描电镜对四川盆地侏罗系以及鄂尔多斯盆地延长组致密储层岩样进行了观测，观测结果显示致密油孔隙直径在40~700nm之间，天然微裂缝长度为$10 \mu m$左右。天然微裂缝的发育导致储层在大规模压裂时易形成复杂裂缝网络，2004年，Fisher等学者首先利用微地震检测技术观测到，水平井在大规模压裂后形成了不同于常规双翼缝的复杂裂缝网络，如图1-1所示。压裂缝网的非均质性极强，主要体现在每条裂缝的位置、倾角、长度、导流能力以及分布规律各不相同。此外，由于沉积环境的不稳定性致密储层渗透率变化大，同样存在较强的非均质性（邹才能等，2015）。

致密储层特殊原生地质特征以及压裂改造后的特征，导致储层中液体流动受到多种机理的影响。国内学者（张志强等，2016；康逊等，2017）对四川盆地、鄂尔多斯盆地、松辽盆地以及准格尔盆地致密储层岩心进行了大量应力敏感实验，实验结果表明：由于纳米级孔隙以及天然微裂缝的存在，致密储层有较强的应力敏感现象。李武广等（2016）以及端详刚等（2017）分别对压裂裂缝网络进行了应力敏感室内实验，实验结果显示人工裂缝同样存在应力敏感现象。由于储层非均质性的影响，水平井在油藏中钻进时必定会有一定幅度的上下起伏，所以井筒中的液体还受自身重力、管壁摩擦力以及液体混合时惯性力的影响。

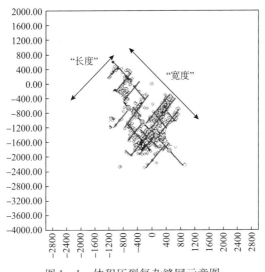

图1-1 体积压裂复杂缝网示意图

综上所述，致密储层中存在基质孔隙、天然微裂缝、水力压裂缝网以及起伏井筒四种不同尺度的渗流介质，储层中的液体受地层非均质性、地层应力敏感、人工裂缝应力敏感、人工裂缝间相互干扰以及起伏井筒变质量管流等多种流动机理的影响。如何在准确刻画"基质（nm尺度）-天然微裂缝（μm尺度）-压裂缝网（mm尺度）-起伏井筒（m尺度）"四种不同尺度渗流介质的基础上，考虑单相液体所受多种渗流机理，建立致密油藏体积压裂水平井多尺度、多机理耦合流动模型是致密油藏开发中面临的一项极具挑战性的难题。

1.2 国内外相关研究进展

1.2.1 致密油藏渗流规律研究进展

致密油藏中往往含有大量天然裂缝，属于双重介质油藏也称为天然裂缝油藏，油藏孔隙度和渗透率已不足以描述流体在油藏中的渗流特征。1960年Barenblatt等学者首先对双重介质油藏进行了研究，他们认为双重介质油藏可以假设为由基质系统和裂缝系统组成。基质系统渗透率很低，是主要的流体储存空间。裂缝系统渗透率较高，提供流体流动通道。油井产出液体全部来自于裂缝系统，裂缝系统与基质系统之间均匀分布。

1963年，Warren和Root基于Barenblatt假设模型，给出了表征双重介质油藏特性的储容比以及窜流系数的定义。储容比定义为裂缝系统流体储容量与油藏总储容量之比，窜流系数定义为基质系统渗透率与裂缝系统渗透率之比。储容比越大表示裂缝系统内的流体越多，窜流系数越大表示基质系统渗透率越高；反之亦然。假设油井中流体全部来自裂缝系统，基质系统不与油井连同，但基质系统与裂缝系统之间存在拟稳态窜流。在以上假设基础上，建立了双重介质油藏试井模型。为认识双重介质油藏性质，分析流体渗流规律奠定了理论基础。

1969年，Kazemi假设基质系统与裂缝系统之间为非稳态流动，在此基础上建立了天然裂缝油藏渗流模型，并用数值方法给出了该模型的解。结果显示，在半对数坐标系中，油井开发前期结果与后期结果相平行。该模型与Warren和Root模型区别仅仅在于基质与裂缝之间的窜流形式不同。同时，该双重介质模型所表示的渗流规律与多油层油藏渗流规律一致。

第1章 概 述

1976年，De SWAAN建立了双重介质非稳态窜流试井模型，并给出了油井生产初期以及晚期的解析解。油井早期渗流受裂缝系统影响，晚期渗流受整个油藏系统影响，中间时期是裂缝系统流动向油藏整体渗流的过渡流动阶段。

1985年，Bourdet在Warren和Root的基础上建立了双渗模型，他们认为基质系统也向油井提供液体。

1986年，Abdassah和Ershaghi建立了三重模型，该模型由两个基质系统和一个裂缝系统组成，两个基质分别含有不同的流动属性和储容比。基质系统与裂缝系统之间为梯度流，油井中流体全部来自裂缝系统，基质系统不与油井连通。他们给出了层状模型以及糖块状模型在拉氏空间下的解，通过数值方法转化为时空间解。结果表明，双重介质模型与三重介质模型之间的差别仅在过渡流阶段。

1995年，Chang MM对双重介质模型形状因子进行了系统研究，给出了圆柱形基质以及球状基质形状因子的详细推导过程。

1996年，Al-Ghamdi和Ershaghi提出了更为多样的三重介质模型，定义三重介质模型由基质系统、微裂缝系统以及天然大裂缝系统组成。第一种模型假设微裂缝与基质系统之间没有窜流，但都与大裂缝系统存在窜流关系。油藏中液体全部由大裂缝汇入井筒，该模型与Abdassah模型较为类似。第二种模型假设基质与微裂缝之间存在窜流，流体经微裂缝流入大裂缝之后汇入井筒。第三种模型在第二种模型假设的基础上，认为微裂缝中的液体也可直接流入井筒。

2003年，Yushu Wu建立了三重介质模型，假设天然裂缝油藏由两套裂缝系统和一套基质系统组成，两套裂缝系统之间渗透率和形状因子各不相同。相对于Warren和Root双重介质模型，该模型进一步描述了天然裂缝的复杂性，并给出了该模型的数值解和解析解。

总之，天然裂缝性油藏很难精确描述天然裂缝的形态以及油藏基质的特性，即使获得了较为准确的天然裂缝信息，基于复杂天然裂缝的渗流模型也很难进行求解。因此，学者们往往将这类油藏简化成裂缝系统与基质系统均匀分布的三重介质或双重介质模型。以上介绍的是几种典型的裂缝性油藏渗流模型，好多学者对上述模型进行了推广完善，他们主要研究内容是建立了不同形状因子的计算方法。

1.2.2 油藏应力敏感研究进展

油藏应力敏感是指由于油井的生产，岩石孔隙压力降低围压增高。岩石受压缩造成孔隙尺寸降低，岩石渗透率减少渗流阻力增大的现象。早在 1952 年，Fatt 等学者就对油藏应力敏感进行了研究，当砂岩岩样渗透率为 $4.35 \times 10^{-3} \sim 632 \times 10^{-3} \mu m^2$ 时，随着围压的增加岩样渗透率会下降 11% ~41%。

1958 年，Marhoun 等学者对应力敏感岩样进行了室内实验，实验结果表明岩石初始渗透率越低应力敏感现象越严重。

1971 年，Vairogs 等学者为了证明前人实验结果的正确性以及研究应力敏感对油井生产的影响，对不同初始渗透率不同性质岩样进行了大量实验。实验结果与前人实验基本相同，随着围压的增加岩石渗透率越来越低。初始渗透率越低的岩样，岩石在相同围压下应力敏感效应越大。不同于前人的是，Vairogs 还研究了页岩条带以及天然微裂缝对岩样应力敏感的影响，实验结果表明页岩条带或天然微裂缝会增加岩样的应力敏感性。所以，岩石应力敏感性的大小不仅受初始渗透率的影响，还受岩石是否含有页岩条带以及天然裂缝的影响。作者将岩石应力对渗透率的影响代入到油井渗流方程中，通过数值方法对方程进行了求解，结果表明是否考虑应力敏感对致密气井的产量或者压降会造成很大的影响。

1973年，Vairogs等学者研究了渗透率应力敏感效应对压恢和压降试井结果的影响。结果表明在应力敏感较强的气藏，压降试井解释出的kh值要远远小于储层初始kh值的大小。压恢试井结果更为可靠一些。

通过以上叙述可知应力敏感对油藏渗透率有较大影响，1972年，Raghavan通过拟压力函数建立了气藏应力敏感与渗透率定量表达式。1986年，Pedrosa提出了油藏压力与渗透率之间符合指数表达式，定义渗透率模量概念建立了油藏压降与渗透率之间的关系式，该表达式被学者广泛应用在应力敏感油藏压力分析计算模型中。之后，基于Pedrosa指数模型，学者对压力与渗透率之间的定量表达式做了进一步的研究工作，但所建渗透率模型均没有Pedrosa指数模型应用广泛。

基于Pedrosa指数模型，学者们对应力敏感油藏非稳态渗流进行了大量研究。研究结果表明，在应力敏感油藏中如果不考虑渗透率随压力的变化会造成较大的误差。

1.2.3 分段压裂水平井渗流模型研究进展

为解决近井地带污染降低地层中流体的渗流阻力，石油工作者对油藏进行了水力压裂。水力压裂形成的裂缝形态主要有垂直缝、水平缝以及倾斜裂缝。水力裂缝的扩展方向主要受地应力分布的影响，一般沿垂直最小地应力的方向延展。学者们认为在油藏深度大于600m左右时，一般形成垂直裂缝，在油藏深度小于600m时，在水力压裂过程中一般形成水平缝。

早在1939年，Muskat等学者就研究了垂直裂缝直井的稳态压力问题。作者假设油藏流体处于稳态渗流阶段，应用解析方法研究了裂缝井的压力分布以及流体进入裂缝的形态。

1957年，Van Poolen通过电模拟实验对压裂直井进行了研究，结果表明：①通过对直井进行水力压裂，可以改善近井地带的污染提高油井产能；②裂缝尺寸越大，油井产能越高；③裂缝流动能力越强，油井产量越高；④裂缝流动能力的降低，对油井的产量影响较大；⑤远离油井的裂缝段提供油井大部分产量。

1958年，Van Poolen等学者基于电模拟实验以及现场测试数据对裂缝流动能力进行了研究。他们认为降低裂缝导流能力的因素有：①压裂作业后，提前开井生产会导致支撑剂失效；②裂缝表面岩石颗粒脱落，对裂缝导流能力影响较大；③注入液使用不当，会导致基岩颗粒脱落，黏土以及淤泥堵塞裂缝。提高裂缝导流能力的方法有：①使用大粒径支撑剂，压裂过程中尽可能使用大粒径支撑剂增加水力裂缝的有效宽度；②压裂过程中如果不能一直使用大粒径支撑剂，那么在压裂结束前注入大粒径支撑剂有助于提高裂缝导流能力。

1961年，Prats在拟稳态状态下对压裂直井进行了研究。提出无因次裂缝导流能力的概念，该概念可以表述为地层向裂缝供液能力与裂缝内流体流入井筒能力之比。只有当裂缝无因次导流能力处于合适的值时，裂缝才能高效发挥其作用。该现象与城市高速公路运输能力的问题非常相似，当街区人群数量多、流动性强时，对相应高速公路的运输能力要求高，低运输能力的高速公路会造成城市街道的拥堵。相反，如果街区人群数量少且流动性小时，对高速公路的运输能力要求较低，城市管理者也没必要花大价钱提高高速公路的运输能力。在无因次导流能力的基础上建立了裂缝等效半径的概念，当无因次裂缝导流能力大于0.1时，裂缝等效半径为0.5。当裂缝导流能力小于0.1时，裂缝等效半径值小于0.5且两者之间满足一定的几何关系。

第1章 概 述

1964年，Russell和Truitt在盒状油藏中建立了无限导流能力裂缝井的数值模型，该井在定产条件下生产。生产早期油井为线性流，后期变成拟径向流。作者认为在拟稳态生产阶段，该裂缝可等效为适当直径的直井模型。

1969年，Wattenbarger和Ramey研究了压裂气井非稳态压力问题。作者应用真实气体拟压力概念，建立了压裂气井的数值模型。气体湍流的影响可以当作表皮处理，裂缝中的湍流较地层中的严重。并建立了线性流以及径向流，开始和结束时间的计算公式。

1974年，Gringarten和Ramey应用格林函数、Newman乘积法建立了含有无限导流垂直裂缝以及水平裂缝直井的非稳态压力模型。并建立了相应的试井解释方程，划分了压裂井流动阶段：①裂缝填充阶段，引起典型储存控制流动；②垂直线性流动阶段；③过渡阶段；④径向流动阶段。当裂缝纵横比趋近于0时，裂缝填充阶段消失，产生典型的全部或部分穿透垂直裂缝压力响应。

1978年，Cinco-Ley等学者考虑了裂缝的渗透率建立了上下封闭边界圆形油藏垂直压力直井非稳态压力模型，该模型可分为两部分流动：油藏渗流以及裂缝内渗流。裂缝内渗流假设为一维达西流动，油藏渗流由Gringarten（1973）建立的面源函数求解，两者之间通过交接面处压力和产量相等耦合在一起。

1981年，Cinco-Ley和Samaniego-V考虑了裂缝的导流能力，对垂直压裂直井渗流阶段进行了划分。压裂井会出现四个流动阶段：①裂缝内线性流动；②裂缝内流体以及近裂缝油藏双线性流；③随着压力的进一步扩展，出现油藏垂直裂缝流动的线性流动；④压力降波及到更大的区域，进入拟径向流动阶段。作者建立了每个渗流阶段无因次压力与无因次时间之间的关系，在双对数坐标系中对各渗流阶段进行了识别。

1979 年，Agarwal 等应用数值模型求解了有限导流垂直压裂气井的非稳态压力，作者认为裂缝导流能力越低，双线性流动时间持续越长。

1985 年，Giger 指出水平井能较好的开发非均质性油藏，一旦固井技术足够成熟水平井压裂设想就会实现，并指出水平井压裂技术能较好地提高油藏产能。

1990 年，Sollman 和 Ei Rabaa 学者对压裂水平井进行了研究。裂缝一般沿垂直最小地应力方向延展，由于地层地应力的非均质性导致压裂裂缝的走向难以预测；作者只针对垂直井筒裂缝以及平行井筒裂缝进行了研究。通过数模方法对裂缝导流能力、裂缝条数以及裂缝位置进行了模拟。

1993 年，Guo 和 Evans 假设油藏为拟稳态渗流，建立了分段压裂水平井渗流模型。该模型不能考虑裂缝间的相互干扰，分析了油藏渗透率、各向异性、裂缝穿透性以及裂缝与水平井筒之间的夹角对油藏产能的影响。

同年，Guo 和 Evans 在无限大板状油藏中，基于 Gringarten（1973）面源函数应用叠加原理，在定产生产条件下建立了考虑裂缝间相互干扰的分段压裂水平井非稳态压力模型。水平井筒为无限导流，裂缝为有限导流，裂缝与水平井筒之间的压差是由于裂缝内流体流向水平井筒聚流效应产生的表皮压降。模型计算结果表明，每条裂缝的产量随时间而变化但裂缝的总产量不变。由于裂缝间相互干扰，两端裂缝的产量要高于中间裂缝的产量。

1994 年，Guo 应用线源函数以及叠加原理，建立了无限大油藏以及封闭边界油藏中分段压裂水平井产能模型，该模型同样考虑了裂缝间的相互干扰。裂缝与水平井筒之间的压差是由水平井筒聚流效应产生的，裂缝与水平井筒可以是任意夹角。

1994 年，Kuchuk 和 Habusky 应用 Gringarten（1973）源函数

建立了分段压裂水平井试井模型，裂缝可以是无限导流或者是有限导流。作者认为在分段压裂水平井中，生产早期裂缝之间会出现多个线性流动，一直持续到第一径向流出现。

1995年，Horne基于Gringarten源函数利用Newman乘积法以及叠加原理，考虑裂缝之间的相互干扰建立了分段压裂水平井渗流模型。作者认为分段压裂水平井可分为四个渗流阶段：①线性流；②第一径向流；③第二线性流；④第二径向流。

自从1973年Gringarten和Ramey将源函数应用到油藏渗流问题的求解后，该方法迅速成为求解油藏渗流问题有力的工具。学者们以此方法建立了直井、压裂直井、水平井、分段压裂水平井以及多分支井等各种复杂井型的油气渗流规律，为复杂井型试井分析、优化设计提供了理论依据。但该Gringarten源函数是基于单重基质油藏建立的，且很难考虑井筒储存以及油井表皮对渗流规律的影响。

1991年，Ozkan在双重介质油藏中，建立了拉氏空间下的点源函数、线源函数以及面源函数。这极大地推进了源函数在油藏渗流领域的应用，且该源函数能较方便地求解井筒储存以及油井表皮对油井生产动态的影响。

1994年，Raghavan等学者在Ozkan源函数的基础上建立分段压裂水平井非稳态压力模型，该模型不但可以考虑裂缝间的相互影响，还能考虑裂缝间尺寸不同以及渗流能力的差异。应用该模型作者对裂缝长度、导流能力、裂缝位置以及裂缝与水平井筒之间的夹角进行了分析，结果表明裂缝角度对油井渗流影响较小，油藏非均质性对结果影响较大。

Zerzar和Bettam学者基于Ozkan源函数建立了分段压裂水平井试井模型，模型计算结果的正确性得到数值模拟的验证。作者认为，分段压裂水平井可分为五个流动阶段：①双线性流；②线性流；③第一径向流；④双径向流；⑤拟径向流。建立了每个流动阶段的压力表达式，并对裂缝条数、裂缝尺寸、裂缝导流能力，以及裂缝位置进行了敏感性分析。

无论 Gringarten 在单重介质中建立的源函数，还是 Ozkan 在双重介质拉氏空间建立的源函数都是无体积源。比如，直井的压力变化可由一条垂直线源进行求解，水平井可由一条水平线源求解，压裂水平井的压力可由面源函数进行求解。不能考虑井筒直径，以及裂缝宽度对油藏渗流的影响。为了克服这一缺点，2007年 Valko 建立了封闭盒状油藏中体积源函数。体积源函数能更进一步考虑实际油井的压力动态变化，且应用较为灵活，迅速引起了学者们的关注。

2009 年，Zhang Y 等学者基于 Valko 体积源函数建立了分段压裂斜井渗流模型，该模型既考虑了裂缝间射孔又考虑了非达西渗流对油井生产的影响。

2010 年，Bello 和 Wattenbarger 在 EL-Banbi 油藏线性流动假设的基础上，建立了分段压裂水平井试井模型。该模型认为分段压裂水平井可分为五个渗流阶段：①裂缝内线性流；②双线性流；③无限大油藏渗流阶段；④基质非稳态渗流阶段；⑤边界流动阶段。

国内学者同样建立了分段压裂水平井渗流模型，这些模型大都基于国外学者提出的源函数方法建立的，在此不做过多重复性介绍。

1.2.4 致密油藏体积压裂技术研究进展

2002 年，Fisher 等学者认为由于天然裂缝的存在，Barnett 地区页岩气在水力压裂过程中形成了较复杂的裂缝，扩大了井筒与地层的接触面积提高了气井产量。常规压裂在水平井两边形成了双翼型面缝，但在页岩气藏中形成了较为复杂的裂缝，且人工裂缝与天然裂缝往往相互垂直形成了缝网。利用地面监测、井下监测以及微地震监测设备，在 Barnett 地区对压裂水平井进行了大量的监测。监测结果证实了在水力压裂过程中形成了复杂的裂缝网络。现场实测数据表明，水力裂缝的半缝长对水平井初期产能影响不大。缝网宽度对初期产能影响较大。

2004 年，Fisher 等学者认为水平井进行多簇分段压裂容易形成大规模复杂缝网。

2006 年，Mayerhofer 等第一次提出了储层改造体积的概念（Stimulated Reservoir Volume，简称 SRV）通过数值模拟方法，对影响体积压裂水平井产能的关键参数进行了敏感性分析。研究结果为：①体积压裂区越大，气井累产越高；②两缝网之间间隙越小，累产越高；③缝网内部裂缝之间间距越小，累产越高；④缝网渗透率越高，产量越高；⑤当裂缝表皮污染大于 95% 时，对累产影响较明显。

2008 年，Mayerhofer 认为体积压裂区大小可通过微地震数据来确定。油藏的厚度、应力分布、应力大小、天然裂缝的性质、岩石的脆性以及大裂缝都影响着体积压裂区的形成。

Mayerhofer 等学者一致认为，微地震事件是由水力裂缝周围的剪切滑移造成的。剪切断裂是由裂缝尖端应力转向形成的，同时剪切断裂导致压裂液漏失表现为孔隙压力的变化。在常规渗透率较高的油藏中，微地震事件也相当多，但往往不是形成了复杂压裂缝网。而是由于不可压缩流体在地层孔隙中快速移动导致孔隙压力的变化形成的。在致密页岩油藏孔隙中的压力传导较慢且不可能变化太快，除非裂缝旁边的天然裂缝开启水力压裂形成了压裂缝网导致压裂液压力快速变化。这就意味着微地震的形状近似等于实际压裂缝网的形状。微地震事件提供了一种计算复杂缝网体积的方法。

研究表明体积缝网的形成受多种因素影响，主要可分为两类：地质因素和施工因素。地质因素主要包括：①地应力大小。最大主应力与最小主应力相差较大时易形成长窄缝，两者相差较小时易形成复杂缝网；②天然裂缝越多越易形成体积缝网；③岩石脆性。岩石脆性矿物含量越高，越易形成剪切断裂形成复杂缝网，反之则不易形成体积缝网。施工因素主要包括：①施工排量较大（$>10m^3/min$）时易形成复杂缝网；②射孔数量和间距对缝网的形成也有较大的影响。

1.2.5 体积压裂水平井渗流模型研究进展

长水平井大规模水力压裂之后，井下形成了复杂的裂缝网络。缝网中裂缝不规则相交，导致地层渗流异常复杂。近十年时间，学者们投入了大量精力研究体积压裂水平井的渗流问题，发表了大量的研究成果。目前体积压裂水平井渗流模型大致可以分为三类：解析模型、半解析模型以及数值模型。下面对三类模型进行一一介绍。

1. 体积压裂水平井解析渗流模型

解析模型一般将油藏分为几个区域，油藏整体关于水平井筒对称分布。区域内为单重介质或者双重介质，且往往假设区域内满足线性流动。利用区域交界面处压力和流量相等的连续性条件，将各区域的渗流控制方程耦合在一起形成体积压裂水平井渗流模型。这些模型计算速度快，在试井分析中往往只能识别油藏的线性流动，计算精度不高。

2009年，Ozkan等建立了非常规油藏体积压裂三线性渗流模型，模型假设非常规油藏可分为人工裂缝、体积压裂区以及外部油藏三个部分。外部油藏线性流入体积压裂区，体积压裂区线性流入人工裂缝，所有油藏流体经人工裂缝流入水平井筒。该模型考虑了井筒存储效应以及井筒表皮的影响，为早期学者认识体积压裂水平井渗流规律提供了理论依据。模型的主要缺点是，假设人工裂缝均匀分布且每条人工裂缝的大小以及渗流能力都相同假设过于理想。

Al-Ahmadi 建立了三重介质模型，作者假设油藏由基质系统和两套裂缝系统组成。两套裂缝系统的属性不同，基质和裂缝系统均匀分布。基质中流体首先线性流入微裂缝，微裂缝中流体线性流入主裂缝，水平井筒中的液体全部来自于主裂缝的流入。

2012 年，Siddiqui 等在 Al-Ahmadi 三线性渗流模型的基础上，定义了六个油藏渗流阶段：Ⅰ 主裂缝中线性流动；Ⅱ 主裂缝与微裂缝双线性流动；Ⅲ 微裂缝中线性流动；Ⅳ 微裂缝与基质双线性流动；Ⅴ 基质线性流；Ⅵ 边界控制流动。其中，线性流在产量与时间的双对数坐标系上是斜率为 -0.5 的直线，双线性流的斜率为 -0.25。并给出了前五个流动阶段的解析表达式，为体积压裂油藏试井解释提供了理论依据。

2012 年，Stalgorova 和 Mattar 同样建立了三线性渗流模型，作者认为两个体积压裂区之间仍存在未压裂的部分。未压裂区流体线性流入压裂区，压裂区流体经人工裂缝流入井筒。

2013 年，Stalgorova 和 Mattar 建立了适合更复杂油藏的五线性渗流模型，油藏分为五个部分，每个部分的流动都是线性流动。作者假设不同压裂区尺寸相同、导流能力也相同，各压裂区等间距分布且关于水平井筒对称分布。

2014 年，Leng Tian 等在 Al-Ahmadi 三线性流的基础上，考虑页岩气扩散吸附解吸附效应。建立了页岩气体积压裂水平井渗流模型。计算结果表明，体积压裂水平井可以划分五个流动阶段：

Ⅰ早期线性流；Ⅱ拟径向流；Ⅲ基质向微裂缝的扩散；Ⅳ微裂缝向主裂缝的扩散；Ⅴ边界流动阶段。

2014 年，Zhao Yulong 等建立了页岩气体积压裂水平井渗流模型，作者将体积压裂油藏等效为三部分：油藏外部区域、体积压裂区以及分段压裂裂缝。油藏外部区域和体积压裂区由双重介质模型描述，但该模型忽略了页岩气吸附解吸附特性。

2015 年，Heidari Sureshjani 和 Clarkson 建立了封闭边界体积压裂水平井渗流模型。每个体积压裂区尺寸相同且关于水平井筒对称分布，每个体积单元分为五部分区域 2、区域 3 以及压裂区为一维渗流；模型假设过于理想。

2. 体积压裂水平井半解析渗流模型

半解析模型一般应用源函数理论进行求解，在非常规油藏中一般使用 Ozkan 线源函计算。相比于解析模型，半解析模型的主要优点是能考虑复杂缝网的非均质性。它不要求油藏和裂缝网络关于水平井筒对称，能单独考虑裂缝的非均质性。该类模型计算速度较解析模型稍慢，但远远快于数值模型。且能识别全部的油藏渗流规律，是油藏试井分析的重要理论工具之一。

2014 年，Zhou Wentao 等建立了体积压裂水平井渗流模型，该模型可将复杂缝网进行线性离散且能考虑每段裂缝不同的流动性质。但作者忽略了水平井筒压降，且没对裂缝交叉时产量"劈分"进行处理。

2015 年，Wendong Wang 等在 Ozkan 三线性物理模型的基础上，考虑分形流动建立了非常规油藏体积压裂渗流模型。划分了五个油藏渗流阶段：Ⅰ井筒存储阶段；Ⅱ早期线性流；Ⅲ基质与裂缝系统之间的窜流阶段；Ⅳ混合线性流阶段；Ⅴ边界控制流。

2015 年，Luo Wanjing 基于 Ozkan 线源函数建立了封闭板状无限大油藏体积压裂直井渗流模型，应用坐标转换方法考虑了裂缝的倾角，裂缝内的渗流模型应用 Cinco-Ley 的处理方法。模型计算结果表明，油藏渗流可分为三个渗流阶段：Ⅰ地层与人工裂缝内双线性流；Ⅱ地层线性流；Ⅲ拟径向流动阶段。如果裂缝的渗透率太低，第二个流动阶段将会消失。如果裂缝的渗透率很高，第一个流动阶段也会消失。当裂缝条数增多时，裂缝之间的干扰越大，典型试井曲线上会出现异常的"驼峰"状突起。

2015 年，Sheng Guanglong 等依据 Ozkan 三线性流模型，建立了页岩气三线性渗流模型。该模型考虑了页岩气的滑脱效应、Knudsen 扩散以及吸附解吸附效应，划分了六个页岩气渗流阶段：Ⅰ人工裂缝内线性流，在无因次压力和无因次压力导数与时间的双对数曲线上，该时期直线段的斜率为 0.5；Ⅱ双线性流，内区油藏以及人工裂缝共同流动，该时期直线段的斜率为 0.25；Ⅲ窜流阶段，主要反映内区双重介质油藏渗流特性；Ⅳ拟稳态渗流阶段；Ⅴ人工裂缝、内部双重介质以及外部油藏三线性流动阶段；Ⅵ封闭边界影响阶段。

2015 年，Chen Zhiming 等基于 Ozkan 线源函数建立了主裂缝上含有次生裂缝的纵横垂直相交复杂缝网渗流模型，该模型的特点是每条裂缝的渗流属性以及尺寸可以不同；因此能够计算更为复杂的裂缝网络。

2015 年，Jia Pin 等基于 Ozkan 线源函数，在考虑不同裂缝倾角情况下建立了致密油藏体积缝网渗流模型。该模型是目前较为完善的模型，但忽略了射孔压降以及管流压降。另外，由该模型计算出的试井曲线中没有出现典型双重介质油藏渗流应有的天然裂缝系统径向流。

3. 体积压裂水平井数值渗流模型

数值模型一般应用商业油藏数值模拟软件（Eclipse 以及

CMG 等）进行建模，一部分学者试探性地建立了自己的油藏数模软件。数值模型的最大优点在于能够精确地考虑油藏以及复杂缝网的非均质性，为了准确描述缝网的非均质性学者们通常使用网格加密以及不规则网格技术进行建模。模型的非均质性越强，所需划分的不规则网格越多，导致计算结果的稳定性以及运算速度要远低于半解析模型。

2009 年，Cipolla 等学者应用商业数模软件建立了体积压裂水平井渗流模型，模型中缝网为纵横交错垂直缝网且关于水平井筒对称分布。研究了体积压裂区大小、缝网渗透率、缝网密度以及缝网间距等对水平井累产的影响。

2010 年，Du Chang M 等学者基于微地震监测数据确定了体积压裂区范围，依据天然裂缝密度、天然裂缝方位角、压裂施工参数以及生产数据等反演出了体积缝网的整体密度以及等效裂缝长度。利用不规则网格技术建立了体积压裂水平井渗流模型。

2011 年，Cipolla 等学者基于微地震监测数据，提取了体积缝网的大致形状。应用局部非结构网格加密技术建立了较为精确的数值模型，研究了缝网内渗透率的非均质性对水平井累产的影响。

2015 年，国内学者糜利栋等，在全面考虑页岩气渗流机理的基础上，通过数值差分方法建立了页岩气体积压裂水平井渗流模型。

2017 年，方文超等学者，应用约束狄洛尼三角网格生成技术建立了致密油藏体积压裂水平井渗流模型。

1.2.6 致密油藏"井工厂"技术研究进展

"井工厂"技术是指在有限区域内集中布置大批相似井，采用大量标准化技术装备与服务，以生产及装配流水线方式高效实施钻完井作业的一种低成本工厂化开发模式。由于"井工厂"最大程度地节省了时间，重复使用相同的设备和材料，大幅度降低了生产成本，受到我国非常规资源开发者的关注。

自2013年以来，中国石化分别在鄂尔多斯盆地大牛地以及胜利油田的非常规区块开展了"井工厂"作业模式。为其他区块该技术的探索和实施积累了前期经验。

2013年，中国石油对苏里格南合作区、苏里格气田苏53区块以及威远-长宁示范区进行了"井工厂"实验。其中，苏里格南合作区"井工厂"实施最为成功。

"井工厂"技术不但能降低作业费用，由于在施工过程中形成了更为复杂的裂缝网络，促使单井产能的提高。国内外学者建立了大量复杂缝网扩展模型，但有关致密油藏"井工厂"渗流原理的研究尚是属空白。

1.3 当前主要存在问题

通过本章1.2小节中的调研可知，三类渗流模型各有优缺点。解析模型运算速度最快，但精度最低。数值模型从理论上讲更为完善，计算结果最为精确。但无论是利用商业数模软件或者独立开发模拟器，建模过程都比较繁琐，运算速度慢且稳定性不高。半解析模型运算速度稍低于解析模型，但远远快于数值模型；计算精度低于数值模型，但远高于解析模型。综合考量，半解析模型更便于进行工程计算，所以本书的目标是建立致密油藏体积压裂水平井半解析渗流模型。

目前，有关致密油藏体积压裂水平井半解析渗流模型的研究很多，基于上述大量的文献调研，总结出目前渗流模型主要存在以下几类问题。

致密油藏体积压裂水平井渗流模型

（1）对致密油藏渗流机理考虑不充分：①致密油藏中发育有大量的天然裂缝，属于双重介质油藏，不少学者将其视为单重介质油藏进行渗流计算。②人为假定致密油藏各向渗透率相等，忽略了油藏的各向异性。③致密油藏渗透率很低，又发育大量的天然裂缝，导致油藏应力敏感现象较为明显。但大部分学者在进行相关渗流研究时，忽略了地层应力敏感的影响。

（2）对致密油藏渗流简化太过理想：目前，致密油藏体积压裂水平井油藏渗流模型研究，是一个非常活跃的方向，发表了大量的文献。但其中很大一部分文献，将体积缝网简化成纵横交错的垂直缝网并人为分区。每个区域内流体的渗流简化成一维线性流动。这些简化太过理想，脱离了致密油藏体积压裂水平井实际油藏渗流规律。

（3）复杂缝网内的渗流处理过于简单：致密油藏在压裂过程中人工裂缝与天然裂缝相互作用，形成了复杂不规则的体积缝网。体积缝网内液体的渗流异常复杂，主要难点为当两条（多条）裂缝相交时，裂缝内的流量存在"劈分"流动问题。目前，大部分学者简单规定，处于中间位置的裂缝以其几何中点为界，左半边裂缝的产量流向左交点，右半边裂缝的产量流向右交点。显然，这样的人为假定是非常不合理的。

（4）目前，几乎所有的体积压裂水平井渗流模型都忽略了水平井射孔压降以及水平井井筒变质量管流压降的影响，孔眼压降和管流压降能不能直接忽略需要进行计算分析。

（5）致密油藏"井工厂"化作业降低了施工成本，提高了建井效率。但目前有关致密油藏体积压裂水平井多井的渗流模型研究尚属空白，所以有必要建立多口体积压裂水平井渗流模型，为认识致密油藏"井工厂"压裂水平井的渗流规律提供理论基础。

1.4 致密油藏体积压裂水平井半解析渗流模型问题突破

针对目前致密油藏体积压裂水平井半解析渗流模型存在的问题，本书的主要从以下方面进行突破：

（1）在 Warren 和 Root 双重介质渗流模型的基础上，考虑致密油藏应力敏感效应。应用摄动变换、拉氏变换以及叠加原理等方法，推导建立能准确描述致密油藏渗流规律的点源函数、线源函数以及面源函数。

（2）基于本书所建面源函数，应用等效原理考虑地层的各向异性，之后利用坐标变换原理建立各向异性油藏中倾斜裂缝渗流方程。然后利用叠加原理考虑复杂缝网中裂缝间的相互干扰影响，建立体积压裂水平井油藏渗流模型。

（3）应用"星－三角形"变换方法，建立复杂缝网中裂缝传导率方程。假设复杂缝网内为一维达西渗流，在裂缝传导率方程的基础上构建复杂缝网内流体渗流方程。该方法主要的优点为：缝网内的液体根据每条裂缝压力的大小自动选择流动方向，消除了人为规定缝网内流体流动方向的缺点。

（4）为了所建体积压裂水平井渗流模型的完整性以及准确性，本书考虑了射孔孔眼压降以及水平井变质量管流压降。通过耦合油藏渗流、复杂缝网内渗流、射孔孔眼渗流以及水平井变质量管流，建立致密油藏体积压裂水平井单井多尺度耦合模型。

（5）在体积压裂水平井单井渗流模型的基础上，考虑"井工厂"中各井间的相互干扰。建立致密油藏体积压裂水平井多井渗流模型，填补了目前尚无多口体积压裂水平井渗流模型的空白。

1.5 小结

本章紧密围绕研究"致密油藏体积压裂水平井渗流模型",详尽调研了致密油藏渗流规律国内外研究进展、油藏应力敏感研究进展、分段压裂水平井研究进展、体积压裂技术研究进展、致密油藏体积压裂水平井渗流模型研究进展以及"井工厂"技术进展。在全方位掌握目前致密油藏体积压裂水平井渗流模型的基础上,提出目前体积压裂水平井半解析渗流模型存在的主要瓶颈问题。明确了本书的主要论述方向,为后叙章节的编写构画了整体框架。

第 2 章　致密油藏源函数的建立

源函数是目前解决油藏渗流问题的重要方法之一。1955 年，Hantush 和 Jacob 首次将源函数引入了油藏渗流领域。1973 年，Gringarten 进一步推广了源函数的应用范围，在不同油藏边界条件下建立了点源函数、线源函数以及面源函数。1991 年，Ozkan 为解决双重介质油藏渗流问题，应用拉氏变换建立了双重介质油藏中点源函数、线源函数以及面源函数；并且也对不同油藏边界进行了处理。以上这些源函数能较好的解决直井、水平井、多分支井以及压裂水平井中油藏渗流问题，为油井的产能预测、试井解释以及认识不同井型开发规律提供了重要的理论基础。但随着低渗、特低渗以及非常规油气藏的广泛开发，原有源函数的应用受到了较大的限制。正如第一章所述，低渗、特低渗以及非常规油气藏地层都有一定的应力敏感效应，而原有源函数不能考虑应力敏感对油气藏渗流问题的影响。

本章内容在充分考虑致密油藏渗流特点的前提下，建立了适合致密油藏渗流的新源函数。扩大了源函数理论的应用范围，为非常规油气藏渗流问题的求解奠定了理论基础。新源函数建立过程主要为：首先基于 Warren 和 Root 双重介质模型，应用 Pedrosa 渗透率计算式，建立考虑地层应力敏感的双重介质油藏渗流模型。其次通过摄动变换以及拉普拉斯变换，在拉氏空间得到双重介质油藏考虑应力敏感的点源函数。之后通过镜像原理、叠加原理求得无限大板状油藏中点源函数。最后基于新建点源函数，推导建立线源函数以及面源函数。

2.1 物理模型描述

致密油藏属于双重介质油藏由基质系统和天然裂缝系统组成，基质系统主要提供液体的储集空间，裂缝系统主要提供液体渗流通道。Warren 和 Root 给出了双重介质油藏简化示意图，如图 2-1 所示。

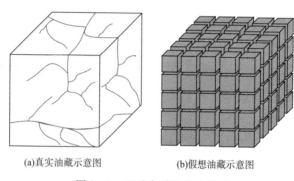

(a)真实油藏示意图　　　　(b)假想油藏示意图

图 2-1　双重介质油藏示意图

假设无限大双重介质油藏中有一点源，该点在油藏尺度上无限小，在微观尺度上足够大。在 $t=0$ 瞬间该点累计产出 $\bar{q}$ 大小的流量，液体的产出在该点附近引起流体的流动。局部渗流示意图如图 2-2 所示。

模型假设条件：

（1）油藏由基质系统和裂缝系统组成，两个系统之间的流动为拟稳态窜流，基质系统均匀分布于裂缝系统内。

（2）基质系统为主要存储空间，裂缝系统为主要流动通道，油井所有产量来自裂缝系统的汇入。

第2章 致密油藏源函数的建立

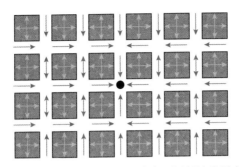

图 2-2 无限大双重介质油藏中点源局部渗流示意图

■代表基质岩块； ⇢代表基质系统中的渗流； →代表裂缝系统中的流动；
●代表无限大双重介质油藏中任意位置点源

（3）考虑天然裂缝系统渗透率敏感性，假设基质系统渗透率为常数。

（4）油藏中有一点源在生产，油藏初始压力为 p_i，开采过程中温度恒定。

下面建立双重介质致密油藏考虑应力敏感效应，由于在点源处流体的产出，引起地层压力变化的渗流模型即点源函数。

2.2 应力敏感无限大致密油藏点源函数的建立

天然裂缝系统渗流控制方程为：

$$\frac{k_f}{\mu} \frac{1}{r^2} \frac{\partial}{\partial r}\left(r^2 \frac{\partial \Delta p_f}{\partial r}\right) - (V\phi c)_m \frac{\partial \Delta p_m}{\partial t} = (V\phi c)_f \frac{\partial \Delta p_f}{\partial t}$$

(2-1)

式中　　k——渗透率，$10^{-3}\mu m^2$；

μ——原油黏度，$Pa \cdot s$；

r——油藏半径，m；

Δp——压差，Pa；

V——油藏体积，m^3；

ϕ——孔隙度，小数；

c——压缩系数，Pa^{-1}；

下标"m"——基质系统；

下标"f"——天然裂缝系统；

t——时间，s。

假设基质系统与天然裂缝系统之间为拟稳态窜流，则基质系统渗流控制方程为：

$$(V\phi c)_m \frac{\partial \Delta p_m}{\partial t} = \sigma \frac{k_m}{\mu}(\Delta p_f - \Delta p_m) \qquad (2-2)$$

式中 σ——形状因子。

考虑天然裂缝系统应力敏感，天然裂缝渗透率可表示为：

$$k_f = k_{if} e^{-\alpha(p_i - p_f)} \qquad (2-3)$$

式中 k_{if}——天然裂缝系统初始渗透率，$10^{-3} \mu m^2$；

p_i——地层初始压力，Pa；

α——渗透率模量，Pa^{-1}。

通过附件 A 中无因次变量，式（2-1）可无因次化为：

$$e^{-\alpha \Delta p_f} \frac{1}{r_D^2} \frac{\partial}{\partial r_D}\left(r_D^2 \frac{\partial \Delta p_f}{\partial r_D}\right) - (1-\omega)\frac{\partial \Delta p_m}{\partial t_D} = \omega \frac{\partial \Delta p_f}{\partial t_D} \qquad (2-4)$$

式中 ω——储容比，小数；

下标"D"——无因次参数。

式（2-2）可无因次化为：

$$(1-\omega)\frac{\partial \Delta p_m}{\partial t} = \lambda(\Delta p_f - \Delta p_m) \qquad (2-5)$$

式中 λ——窜流系数，小数。

联立式（2-4）、式（2-5）消除 Δp_m 得：

$$e^{-\alpha\Delta p_f}\frac{1}{r_D^2}\frac{\partial}{\partial r_D}\left(r_D^2\frac{\partial\Delta p_f}{\partial r_D}\right) - (1-\omega)$$

$$\left[\frac{\partial\Delta p_f}{\partial t_D} - \frac{e^{-\alpha\Delta p_f}}{\lambda}\frac{1}{r_D^2}\frac{\partial}{\partial t_D}\frac{\partial}{\partial r_D}\left(r_D^2\frac{\partial\Delta p_f}{\partial r_D}\right) + \frac{\omega}{\lambda}\frac{\partial^2\Delta p_f}{\partial t_D^2}\right] \quad (2-6)$$

$$= \omega\frac{\partial\Delta p_f}{\partial t_D}$$

式（2-6）为强非线性偏微分方程，引入摄动变换，令：

$$\Delta p_f = -\frac{\ln(1-\alpha\eta)}{\alpha} \quad (2-7)$$

式中 η ——转换参数。

对式（2-7）求偏导得：

$$\frac{\partial\Delta p_f}{\partial r_D} = \frac{1}{1-\alpha\eta}\frac{\partial\eta}{\partial r_D} \quad \frac{\partial\Delta p_f}{\partial t_D} = \frac{1}{1-\alpha\eta}\frac{\partial\eta}{\partial t_D} \quad \frac{\partial^2\Delta p_f}{\partial t_D^2} = \frac{1}{1-\alpha\eta}\frac{\partial^2\eta}{\partial t_D^2}$$

$$(2-8)$$

式（2-8）代入式（2-6）并化简得：

$$\frac{1}{r_D^2}\frac{\partial}{\partial r_D}\left(r_D^2\frac{\partial\eta}{\partial r_D}\right) - \frac{(1-\omega)}{1-\alpha\eta}\frac{\partial\eta}{\partial t_D} + \frac{(1-\omega)}{\lambda(1-\alpha\eta)}\frac{1}{r_D^2}\frac{\partial}{\partial t_D}\frac{\partial}{\partial r_D}$$

$$\left(r_D^2\frac{\partial\eta}{\partial r_D}\right) - \frac{\omega(1-\omega)}{\lambda(1-\alpha\eta)}\frac{\partial^2\eta}{\partial t_D^2} = \frac{\omega}{1-\alpha\eta}\frac{\partial\eta}{\partial t_D} \quad (2-9)$$

式（2-9）中 η 和 $1/(1-\alpha\eta)$ 写成幂级数的形式为：

$$\eta = \eta_0 + \alpha\eta_1 + \alpha^2\eta_2 + \alpha^3\eta_3 + \ldots \quad (2-10)$$

$$\frac{1}{1-\alpha\eta} = 1 + \alpha\eta + \alpha^2\eta^2 + \alpha^3\eta^3 + \ldots \quad (2-11)$$

由于渗透率模量 α 较小，学者们认为 0 阶摄动解完全满足工程计算需要。取式（2-10）以及式（2-11）0 阶摄动解代入式（2-9）中并化简得：

$$\frac{\partial^2\eta_0}{\partial r_D^2} + \frac{2}{r_D}\frac{\partial\eta_0}{\partial r_D} - (1-\omega)\frac{\partial\eta_0}{\partial t_D} + \frac{(1-\omega)}{\lambda}\frac{\partial}{\partial t_D}$$

$$\left[\frac{\partial^2 \eta_0}{\partial r_D{}^2} + \frac{2}{r_D}\frac{\partial \eta_0}{\partial r_D}\right] - \frac{(1-\omega)\omega}{\lambda}\frac{\partial^2 \eta_0}{\partial t_D{}^2} = \omega\frac{\partial \eta_0}{\partial t_D} \quad (2-12)$$

对式（2-12）进行拉氏变换并结合初始条件式（B-12）（详见附件B）得：

$$\frac{d^2 \bar{\eta}_0}{dr_D{}^2} + \frac{2}{r_D}\frac{d\bar{\eta}_0}{dr_D} + \frac{(1-\omega)}{\lambda}s\left[\frac{d^2 \bar{\eta}_0}{dr_D{}^2} + \frac{2}{r_D}\frac{d\bar{\eta}_0}{dr_D}\right] - \frac{(1-\omega)\omega}{\lambda}s^2\bar{\eta}_0 = s\bar{\eta}_0 \quad (2-13)$$

式中 s——拉氏空间变量与 t_D 对应；

上标"—"——该变量为拉氏空间变量。

化简式（2-13）得：

$$\frac{d^2 \bar{\eta}_0}{dr_D{}^2} + \frac{2}{r_D}\frac{d\bar{\eta}_0}{dr_D} - sf(s)\bar{\eta}_0 = 0 \quad (2-14)$$

式（2-14）中：

$$f(s) = \frac{\lambda + (1-\omega)\omega s}{\lambda + (1-\omega)s} \quad (2-15)$$

令：

$$g = r_D \bar{\eta}_0 \quad (2-16)$$

则式（2-14）可化为：

$$\frac{d^2 g}{dr_D{}^2} - sf(s)g = 0 \quad (2-17)$$

式（2-17）的通解形式为：

$$g = A\exp\left[-r_D\sqrt{sf(s)}\right] + B\exp\left[r_D\sqrt{sf(s)}\right] \quad (2-18)$$

式（2-18）代入式（2-16）并化简得：

$$\bar{\eta}_0 = A\frac{\exp\left[-r_D\sqrt{sf(s)}\right]}{r_D} + B\frac{\exp\left[r_D\sqrt{sf(s)}\right]}{r_D} \quad (2-19)$$

由外边界条件式（B-11）知：

第2章 致密油藏源函数的建立

$$B = 0 \quad (2-20)$$

由内边界条件式（B-10）知：

$$A = \frac{\tilde{q}}{4\pi L^3 \left[(V\phi c_t)_f + (V\phi c_t)_m \right]} \quad (2-21)$$

则无限大双重介质油藏瞬时点源在拉氏空间的解为：

$$\bar{\eta}_0 = \frac{\tilde{q}}{\left[(V\phi c_t)_f + (V\phi c_t)_m \right]} \frac{\exp\left[-r_D\sqrt{sf(s)}\right]}{4\pi L^3 r_D} \quad (2-22)$$

令：

$$\bar{S} = \frac{\exp\left[-r_D\sqrt{sf(s)}\right]}{4\pi L^3 r_D} \quad (2-23)$$

则式（2-22）的时空间解为：

$$\eta_0 = \frac{\tilde{q}}{\left[(V\phi c_t)_f + (V\phi c_t)_m \right]} S(t_D) \quad (2-24)$$

那么应用叠加原理可得，连续点源函数的解为：

$$\eta_0 = \frac{1}{\left[(V\phi c_t)_f + (V\phi c_t)_m \right]} \int_0^t \tilde{q}(\tau) S(t_D - \tau) d\tau =$$

$$\frac{\mu L^2}{k_{if}} \int_0^{t_D} \tilde{q}(\tau_D) S(t_D - \tau_D) d\tau_D \quad (2-25)$$

对式（2-25）进行拉氏变换得：

$$\bar{\eta}_0 = \frac{\bar{\tilde{q}}\mu}{4\pi k_{if} L} \frac{\exp\left[-r_D\sqrt{sf(s)}\right]}{r_D}$$

$$r_D = \sqrt{(x_D - x_{wD})^2 + (y_D - y_{wD})^2 + (z_D - z_{wD})^2} \quad (2-26)$$

式（2-26）即为无限大空间点源函数在拉氏空间解，该点源函数应用较为方便，通过一定的积分运算可对直井、水平井以及压裂水平井非稳态压力进行求解。假设直井段长度为 h，对式

(2-26) 右边在 z 方向上求积分，可得该直井的非稳态压力解，积分区间为（$z_w - h/2$）~（$z_w + h/2$）。假设水平井长度为 l，式 (2-26) 右边在区间（$x_w - l/2$）~（$x_w + l/2$）对 x 求积分可得水平井非稳态压力解。已知裂缝半长度为 l_f 高度为 h_f，首先对式 (2-26) 右边在（$z_w - h_f/2$）~（$z_w + h_f/2$）区间积分。然后对 x 在（$x_w - l_f$）~（$x_w + l_f$）求积分，得到压裂井非稳态压力计算模型（详见本章第 2.3 节）。

2.3 无限大封闭板状致密油藏源函数

实际致密油藏都含有不同的边界，可以利用镜像原理考虑油藏边界的影响。此处假设点源处于上下边界封闭的板状油藏中，油藏高度为 z_e。点源所在位置为 z_w。封闭边界镜像原理示意图如图 2-3（该图已逆时针旋转 90°）所示。

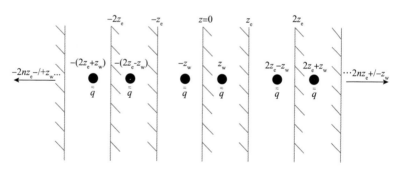

图 2-3 封闭边界油藏镜像原理示意图

映射后点源的位置为：

$$\begin{cases} 2nz_{De} - z_{Dw} \\ 2nz_{De} + z_{Dw} \end{cases} \quad (-\infty < n < \infty) \qquad (2-27)$$

由叠加原理得，封闭边界无限大板状油藏点源函数表达式为：

$$\bar{\eta}_0 = \frac{\bar{q}\mu}{4\pi k_{if}L} \sum_{n=-\infty}^{\infty}$$

$$\left\{ \frac{\exp\left[-\sqrt{sf(s)}\sqrt{(x_D-x_{wD})^2+(y_D-y_{wD})^2+(z_D+z_{Dw}-2nz_{De})^2}\right]}{\sqrt{(x_D-x_{wD})^2+(y_D-y_{wD})^2+(z_D+z_{Dw}-2nz_{De})^2}} \right.$$

$$\left. + \frac{\exp\left[-\sqrt{sf(s)}\sqrt{(x_D-x_{wD})^2+(y_D-y_{wD})^2+(z_D-z_{Dw}-2nz_{De})^2}\right]}{\sqrt{(x_D-x_{wD})^2+(y_D-y_{wD})^2+(z_D-z_{Dw}-2nz_{De})^2}} \right\}$$

$$(2-28)$$

该方程不方便求解可应用 Possion 关系式对式（2-28）进行转换：

$$\bar{\eta}_0 = \frac{\bar{q}\mu}{2\pi k_{if}Lz_{De}}\left\{ K_0\left[r_D\sqrt{sf(s)}\right] + \right.$$

$$\left. 2\sum_{n=0}^{\infty} K_0\left[r_D\sqrt{sf(s)+\left(\frac{n\pi}{z_{De}}\right)^2}\right]\cos n\pi \frac{z_D}{z_{De}}\cos n\pi \frac{z_{wD}}{z_{De}} \right\} \quad (2-29)$$

式中 $K_0[\ ]$——虚宗量第二类0阶贝塞尔函数。

式（2-29）为封闭边界无限大板状油藏点源函数在拉氏空间表达式，假设直井段长度为 h，对式（2-29）右边在 z 方向上求积分，可得上下穿透地层直井非稳态压力解即垂直线源解：

$$\bar{\eta}_0 = \frac{\bar{q}\mu h}{2\pi k_{if}Lz_{De}} K_0\left[r_D\sqrt{sf(s)}\right] \quad (2-30)$$

假设水平井长度为 l，式（2-29）右边在区间 $(x_w-l/2)\sim(x_w+l/2)$ 对 x 求积分可得水平井非稳态压力解（水平线源解）。

$$\bar{\eta}_0 = \frac{\bar{q}\mu}{2\pi k_{if}z_{De}}\left\{ \int_{-l/2}^{l/2} K_0\left[\sqrt{(x_w-\xi)^2+(y-y_w)^2}\sqrt{sf(s)}\right]d\xi + \right.$$

$$\left. 2\sum_{n=1}^{\infty}\cos n\pi\frac{z}{z_e}\cos n\pi\frac{z_w}{z_e}\int_{-l/2}^{l/2} K_0\left[\sqrt{(x_w-\xi)^2+(y-y_w)^2}\sqrt{sf(s)+\frac{n^2\pi^2}{h^2}}\right]d\xi \right\}$$

(2-31)

式（2-29）右边在区间 $0 \sim z_e$ 上对 z 求积分，之后在（$x_w - l_f$）~（$x_w + l_f$）区间对 x 进行积分，得垂直裂缝井非稳态压力面源函数计算公式为：

$$\bar{\eta}_{D0} = \bar{q}_{fD} \int_{x_{wD}-L_{Df}}^{x_{wD}+L_{Df}} K_0 \left[\sqrt{(x_{wD}-\xi)^2 + (y_D - y_{wD})^2} \sqrt{sf(s)} \right] d\xi$$

(2-32)

该面源函数只能计算当裂缝垂直或者平行于坐标轴时，压裂水平井的非稳态压力。以上过程建立了致密油藏中考虑应力敏感的点源函数、线源函数以及面源函数，应用这些源函数可以解决直井、水平井以及压裂水平井渗流问题。由于本书主要研究体积压裂水平井渗流问题，后面的主要研究对象是面源函数。为了验证所建面源函数的正确性，以及对面源函数有进一步认识。下面应用面源函数建立分段压裂水平井渗流模型，并将该模型计算结果与经典模型进行对比，然后对分段压裂水平井渗流模型进行敏感性分析。

2.4 无限大封闭板状油藏分段压裂水平井压力模型研究

在无限大上下边界封闭板状油藏中，存在含有 N 条裂缝的压裂水平井。裂缝全部穿透地层、水平井段其它部分不射孔。裂缝半长分别为 $l_{f1},l_{f2},\cdots,l_{fi}(i = 1 \sim N)$，该问题的解可基于式（2-32）计算得出。分段压裂水平井示意图如图 2-4 所示。

第2章 致密油藏源函数的建立

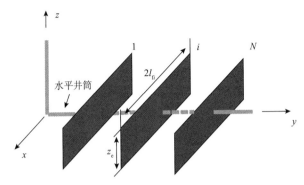

图 2-4 分段压裂水平井示意图

考虑裂缝之间相互干扰，由叠加原理知任意一条裂缝无因次压降表达式为：

$$\bar{\eta}_{\mathrm{D}0i} = \sum_{j=1}^{N} \bar{q}_{\mathrm{f}\mathrm{D}j} \bar{\eta}_{\mathrm{D}0i,j} \quad i = 1, 2, \cdots, N \quad (2-33)$$

式中 $\bar{q}_{\mathrm{f}\mathrm{D}j}$ ——第 j 条裂缝的无因次产量；

$\bar{\eta}_{\mathrm{D}0i,j}$ ——第 j 条裂缝在第 i 条裂缝处的无因次压降〔该值可由式 (2-32) 计算得出〕。

不考虑裂缝的渗流阻力则：

$$\bar{\eta}_{\mathrm{D}0i} = \bar{\eta}_{\mathrm{w}\mathrm{D}} \quad i = 1, 2, \cdots, N \quad (2-34)$$

式中 $\bar{\eta}_{\mathrm{w}\mathrm{D}}$ ——井底无因次压降。

各裂缝无因次产量之和为 1 的限制要求：

$$\sum_{i=1}^{N} \bar{q}_{\mathrm{f}\mathrm{D}i} = 1/s \quad (2-35)$$

式 (2-33)、式 (2-34) 以及式 (2-35) 写成矩阵形式如下：

$$\begin{bmatrix} \bar{\eta}_{\text{D}01,1} & \bar{\eta}_{\text{D}01,2} & \cdots & \bar{\eta}_{\text{D}01,N} & -1 \\ \bar{\eta}_{\text{D}02,1} & \bar{\eta}_{\text{D}02,2} & \cdots & \bar{\eta}_{\text{D}02,N} & -1 \\ \vdots & \vdots & \ddots & \vdots & \vdots \\ \bar{\eta}_{\text{D}0N,1} & \bar{\eta}_{\text{D}0N,2} & \cdots & \bar{\eta}_{\text{D}0N,N} & -1 \\ 1 & 1 & \cdots & 1 & 0 \end{bmatrix} \begin{bmatrix} \bar{q}_{\text{fD1}} \\ \bar{q}_{\text{fD2}} \\ \vdots \\ \bar{q}_{\text{fDN}} \\ \bar{\eta}_{\text{wD}} \end{bmatrix} = \begin{bmatrix} 0 \\ 0 \\ \vdots \\ 0 \\ 1/s \end{bmatrix} \quad (2-36)$$

式（2-36）中，有 $N+1$ 个未知数包括 $\bar{q}_{\text{fD}j}(j=1,2,\cdots,N)$ 以及 $\bar{\eta}_{\text{wD}}$，方程组的个数也是 $N+1$ 个。所以方程组是可解的，由高斯-约旦消元法即可求出未知数在拉氏空间的解。应用 Stehfest 数值反演，可将拉氏空间解转化为时空间的解 η_{wD}。然后应用式（A-3）将 η_{wD} 有因次化为 η_{w}，之后利用式（2-37）即可得到考虑应力敏感的水平井井底压降：

$$p_{\text{w}} = -\frac{\ln(1-\alpha\eta_{\text{w}})}{\alpha} \quad (2-37)$$

在本书后面的算例中会遇到不考虑地层应力敏感的例子。如果不考虑地层应力敏感水平井井底压降为：

$$p_{\text{w}} = \eta_{\text{w}} \quad (2-38)$$

由于无因次压降导数往往能反映一定的渗流规律，后面的计算分析中经常要分析井底无因次压降导数，在此给出无因次压降导数的计算公式：

$$\mathrm{d}p_{\text{wD}} = \Delta t_{\text{D}} \frac{\mathrm{d}(\Delta p_{\text{wD}})}{\mathrm{d}(\Delta t_{\text{D}})} \quad (2-39)$$

2.5 模型正确性验证及结果分析

为了检验以上模型的正确性，下面以分段压裂水平井模型［即式（2-36）］为例，首先对本章所建模型进行正确性验证。之后划分分段压裂水平井渗流阶段，并对关键参数进行敏感性分析。

2.5.1 模型正确性验证

目前,公开发表的文献很少有在双重介质油藏中,考虑应力敏感建立分段压裂水平井的渗流模型。但在常规油藏中有学者建立考虑应力敏感的分段压裂水平井渗流方程,在此将本章模型中双重介质退化成单重介质即令储容比 $\omega=1$,窜流系数 $\lambda=1$。之后用方思冬模型与本书所建模型进行对比,已知水平井含有五条垂直穿透地层的裂缝,其他参数汇总见表 2-1。

表 2-1 致密油藏基础数据

参　数	数　值
油藏厚度/m	10
渗透率模量/MPa^{-1}	0.1
孔隙度(小数)	0.2
体积系数/(m^3/m^3)	1
黏度/$mPa·s$	1
压缩系数/MPa^{-1}	4.4×10^{-4}
裂缝半长/m	100
产量/(m^3/s)	1.84×10^{-4}

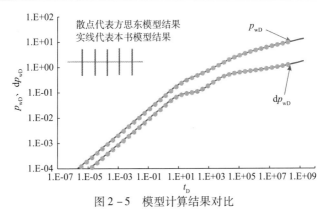

图 2-5 模型计算结果对比

由图 2-5 可以看出,本书所建模型计算结果和方思东模型计算结果除前期数据稍微有点差别外，后期数据拟合较好，说明以上推导过程是正确的。

2.5.2 分段压裂水平井渗流阶段划分

致密油藏中含两条等间距、等长垂直裂缝，裂缝半长 L_{fD} = 5m、间距为 d_{fD} = 40m、储容比 ω = 0.1、窜流系数 λ = 10^{-6}、渗透率模量 α = 0，此时无因次井底压降以及无因次压降导数与无因次时间在双对数坐标系中的关系曲线如图2-6所示。

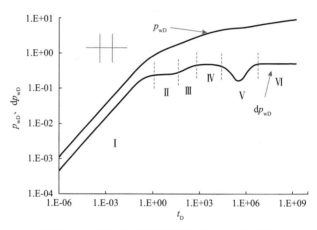

图2-6 两条垂直裂缝水平井无因次压降曲线

由图2-6知，致密油藏分段压裂水平井渗流过程可以划分为六个流动阶段。Ⅰ为地层线性流，油藏流体线性流入人工裂缝，该阶段压降导数曲线斜率为0.5，油藏仅动用人工裂缝之间的区域。Ⅱ为第一径向流，在此流动过程中人工裂缝之间还未发生相互干扰，对应压降导数的斜率近乎为0，油藏渗流波及到了人工裂缝端部区域。Ⅲ为双径向流，人工裂缝之间已发生相互干扰，对应压降导数的斜率约为0.36，油藏压降进一步向外波及。

Ⅳ为天然裂缝系统拟径向流,此时在天然裂缝系统中产生了拟径向流。Ⅴ为窜流阶段,双重介质油藏中存在基岩系统向裂缝系统的窜流。该阶段在无因次压力导数曲线上表现为一个"凹槽","凹槽"的位置和深度分别受窜流系数和储容比的影响(详见本章2.5.4和2.5.5小节)。Ⅵ为整个系统拟径向流,随着开采的进行,压力降波及到较大的油藏区域,整个油藏系统达到拟径向流动阶段。

2.5.3 渗透率模量敏感性分析

其他数据和本章2.5.2小节中一样,当渗透率模量 α 分别为 $0\mathrm{MPa}^{-1}$、$0.05\mathrm{MPa}^{-1}$、$0.1\mathrm{MPa}^{-1}$、$0.12\mathrm{MPa}^{-1}$ 时,无因次井底压降以及无因次压降导数与无因次时间在双对数坐标系中的关系曲线如图2-7所示。

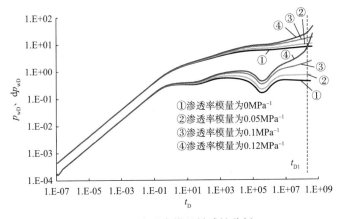

图2-7 渗透率模量敏感性分析

由图2-7可知,渗透率模量的大小对渗流阶段Ⅰ几乎没有影响。开发后期随着渗透率模量的增大,无因次压降和无因次压降导数逐渐上移。这是由于随着生产的进行地层压力逐渐下降，裂缝系统渗透率随之呈指数关系下降，导致渗流阻力增加无因次压降增大。图2-7中，t_{D1}时刻，四种情况下无因次压降大小分别为7.88、10、15.5、24.3，可见是否考虑裂缝系统渗透率敏感性对无因次压降影响很大。随着渗透率模量值的增加，开发后期无因次压降导数曲线逐渐上翘，表现出封闭边界影响的特征。如果在试井分析时不考虑应力敏感的影响，则会对试井结果造成很大的影响。

2.5.4 窜流系数敏感性分析

致密油藏中含三条等间距、等长垂直裂缝，储容比 $\omega = 0.1$、渗透率模量 $\alpha = 0.1 \mathrm{MPa}^{-1}$（其他数据和本章2.5.2小节中一样）。当窜流系数分别为 10^{-6}、10^{-4}、10^{-3}、10^{-2} 时，压裂水平井无因次试井曲线如图2-8所示。

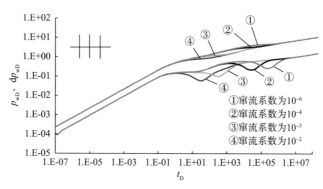

图2-8 窜流系数敏感性分析

窜流系数越大表明基质向裂缝系统的供液速度越快，窜流阶段出现的时间越早，图2-8中"凹槽"的位置越靠近左侧。但由于基质系统内总液量是一定的，所以开发后期无因次压降曲线趋于一致。

2.5.5 储容比敏感性分析

致密油藏中含三条等间距、等长垂直裂缝,储容比 λ = 10^{-6}、渗透率模量 α = 0.1MPa^{-1}(其他数据和本章 2.5.2 小节中一样)。当储容比分别为 10^{-4}、10^{-3}、10^{-2}、10^{-1} 时,压裂水平井无因次试井曲线如图 2-9 所示。

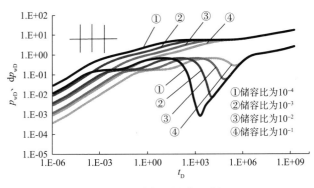

图 2-9 储容比敏感性分析

由图 2-9 可知,储容比对大部分生产阶段影响较大。随着储容比的增大,无因次压降越小,窜流持续时间越来越短。且"凹槽"深度越来越浅,无因次压降导数曲线整体向右平移。

2.5.6 裂缝长度敏感性分析

致密油藏中含三条等间距、等长垂直裂缝,储容比 ω = 0.1、渗透率模量 α = 0.1MPa^{-1}(其他数据和本章 2.5.2 小节中一样)。当半长 l_{fD} 分别为 5m、10m、15m、20m 时,压裂水平井试井曲线如图 2-10 所示。

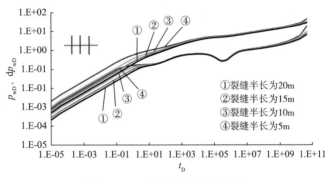

图 2-10 裂缝尺寸敏感性分析

由图 2-10 可知，裂缝尺寸对线性流影响较大，对其他渗流阶段影响较小。随着裂缝尺寸的增加，无因次压降越小，但压降减少幅度越来越小。

2.6 小结

本章在双重介质渗流模型的基础上，建立了考虑地层应力敏感效应的致密油藏渗流方程。该方程为强非线性偏微分方程，通过摄动变换将其线性化。之后应用拉氏变换建立了无限大油藏考虑应力敏感的点源函数，在研究过程中得出了如下结论和认识：

（1）无限大油藏点源函数通过镜像映射，可求得含有不同边界条件的点源函数（书中 2.3 部分，给出了上下封闭边界点源函数求解过程。在实际开发过程中致密油藏能动用的油藏面积仅限于体积压裂区域，所以后面章节的讨论也是在封闭板状油藏中进行的）。对点源函数在 z 方向上积分可得求解直井井底压力变化的线源函数，再对线源函数在平面上积分可得求解压裂井井底压力变化的面源函数。

第2章　致密油藏源函数的建立

（2）基于面源函数，利用叠加原理，建立了分段压裂水平井非稳态压力模型。通过与文献中模型的对比，验证了本章所建模型的正确性。并将分段压裂水平井的渗流规律，划分为六个渗流阶段：Ⅰ为线性流；Ⅱ为第一径向流；Ⅲ为双径向流；Ⅳ为天然裂缝系统径向流；Ⅴ为窜流阶段；Ⅵ为整个系统径向流动。

（3）通过渗透率模量敏感性分析知，是否考虑裂缝系统渗透率敏感性对井底无因次压降影响很大，考虑应力敏感的无因次井底压降值是不考虑应力敏感的几倍。考虑应力敏感时，开发后期无因次压降导数曲线往往上翘，表现出封闭边界影响的特征。如果在试井分析时不考虑渗透率应力敏感的影响，则会得出错误的试井解释结果。

（4）对致密油藏窜流系数以及储容比分别进行了敏感性分析，结果表明窜流系数越大，窜流阶段出现的时间越早。但由于基质系统内总液量是一定的，所以开发后期无因次压降曲线趋于一致。储容比对前五个流动阶段均有较大影响，随着储容比的增大，窜流持续时间越来越短，无因次压降导数"凹槽"深度越浅。

第3章 致密油藏体积压裂水平井单井渗流模型

致密油藏天然裂缝较为发育，在大规模水力压裂过程中容易形成复杂的裂缝网络。复杂缝网内裂缝的倾斜角度以及几何尺寸各不相同，与常规分段压裂水平井相比渗流规律发生了较大变化。地层液体主要经过四部分流动流入水平井井底：

（1）油藏向复杂缝网的渗流亦称作油藏渗流（图3－1中箭头①和箭头②表示）：该部分的难点在于解决双重介质中液体向倾斜缝网的渗流，关于这个问题学者建立了不同的模型。但这些模型仍有较大的局限性，主要是致密油藏的各向异性以及地层应力敏感效应没有考虑。本书将基于第二章新建的面源函数，解决目前油藏渗流模型中存在的问题。

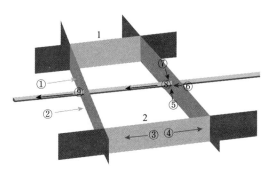

图3－1 致密油藏体积压裂水平井渗流原理图

（2）复杂缝网内部渗流（图3－1中箭头③和箭头④表示）：常规分段压裂水平井中，油藏的液体流入水力裂缝后，裂缝中的液体由裂缝的远井端线性流入井筒。然而在复杂缝网中，处于两条裂缝之间的裂缝（图3－1中裂缝1和裂缝2）需要考虑流量的重新分配问题。复杂缝网中的液体流动不再像简单面缝中的液体一样线性流入井筒，如何描述复杂缝网中的流动是非常规油气渗流中一个比较难的问题。目前，文献中有关复杂缝网渗流的研究很少，本章内容将要解决这一难题。

（3）射孔孔眼流动（图3－1中箭头⑤~箭头⑦表示）：地层中所有的液体都经过射孔孔眼流入水平井筒。在常规分段压裂水平井渗流模型中，考虑射孔压降影响的文献较多。但在非常规体积压裂水平井中考虑射孔影响的模型很少，为了模型的完整性以及定量确定射孔孔眼压降对体积压裂水平井渗流的影响，本章所建立的体积压裂水平井渗流模型考虑了射孔压降。

（4）水平井筒变质量管流（图3－1中箭头⑧和箭头⑨表示）：压裂水平井水平段管流属于变质量流，流动压降主要包括液固摩阻压降、液体加速压降以及混合压降。目前文献中，有关体积压裂水平井渗流的模型往往忽略管流压降。同样，为了所建模型的完整性，以及验证是否可以忽略管流压降的影响。本书在考虑油藏渗流、复杂缝网内渗流以及射孔孔眼压降的前提下，加入了水平井管流压降对渗流的影响，建立了致密油藏体积压裂水平井单井渗流耦合模型。

3.1 各向异性致密油藏单口体积压裂水平井油藏渗流模型

由第一章的研究内容可知,致密油藏存在应力敏感现场,此外致密油藏中天然裂缝的存在也可造成储层的各向异性。目前,就公开发表的文献而言,在各向异性致密油藏中考虑地层应力敏感性,研究倾斜裂缝非稳态压力的半解析模型的几乎没有。下面首先通过等效转换,将各向异性油藏等效转换为各向同性油藏。之后基于第2章新建面源函数式(2-32)应用坐标平移及坐标旋转原理,建立各向异性应力敏感致密油藏中倾斜裂缝非稳态压力模型。在此基础上,应用叠加原理考虑多个倾斜裂缝间相互干扰,建立含有复杂缝网的油藏渗流模型。

3.1.1 各向异性致密油藏转换为各向同性致密油藏

如图3-2所示为无限大板状油藏中含有一带倾斜裂缝的水平井,裂缝与水平井筒之间夹角为θ。裂缝穿透地层,水平井段其他部位不射孔。渗透率方向与坐标轴方向平行,考虑油藏各向异性。

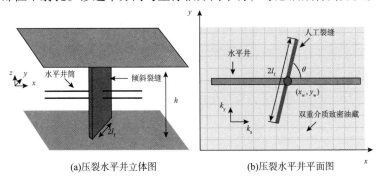

(a)压裂水平井立体图　　(b)压裂水平井平面图

图3-2　各向异性致密油藏倾斜裂缝水平井示意图

如图 3-2 所示裂缝长为 $2l_f$、高 h，定义如下变量：

$$\beta_1 = \sqrt{\frac{k_y}{k_z}} \quad \beta_2 = \sqrt{\frac{k_z}{k_x}} \quad \beta_3 = \sqrt{\frac{k_x}{k_y}} \quad k = (k_x k_y k_z)^{1/3} \quad (3-1)$$

式中 k_x、k_y、k_z——各向异性储层沿 x、y、z 三个方向的渗透率，$10^{-3}\,\mu m^2$；

k——各向同性油藏渗透率，$10^{-3}\,\mu m^2$。

上述各向异性油藏变为各向同性油藏需进行如下坐标变换：

$$x' = x\sqrt{\frac{k}{k_x}} \quad y' = y\sqrt{\frac{k}{k_y}} \quad z' = z\sqrt{\frac{k}{k_z}} \quad (3-2)$$

转换后的各向同性油藏如图 3-3 所示。

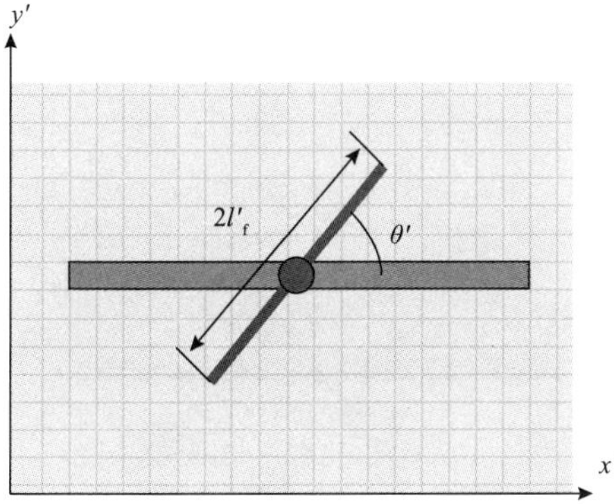

图 3-3　各向同性油藏倾斜裂缝水平井示意图

在各向同性油藏中，压裂水平井半长、裂缝夹角及地层厚度计算公式为：

$$\begin{cases} l'_f = \left(\dfrac{\beta_2}{\beta_1}\right)^{1/6} l_f \sqrt{\cos^2\theta/\beta_3 + \beta_3 \sin^2\theta} \\ \theta' = \arctan(\beta_3 \tan\theta) \\ h' = h\sqrt{\dfrac{k}{k_z}} \end{cases} \quad (3-3)$$

式中　l'_f——各向同性致密油藏中裂缝的半长，m；

　　　h'——各向同性油藏厚度，m。

3.1.2　等效各向同性致密油藏倾斜裂缝非稳态压力模型

本章 3.1.1 小节通过等效变换，将各向异性油藏倾斜裂缝水平井问题转化为各向同性油藏倾斜裂缝水平井问题，转换后的裂缝半长为 l'_f 倾角为 θ'（图 3-3）。但在 $x'-y'$ 坐标系内，仍不能应用新建面源函数直接求解倾斜裂缝水平井的非稳态压力解，因为面源函数要求裂缝必须平行或垂直于坐标轴。为了解决该问题，我们作以下坐标转换如图 3-4 所示。

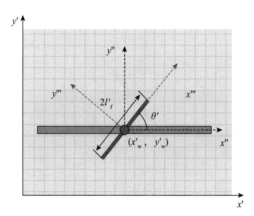

图 3-4　坐标转换示意图

观察图 3-4 可知，在 $x'''-y'''$ 坐标系内裂缝平行于 x 轴。那么在该坐标系内，压裂水平井的渗流问题可通过新建面源函数［式（2-32）］求解，表达式为：

$$\bar{\eta}_{\text{D}0} = \bar{q}_{\text{fD}} \int_{x'''_{\text{wD}}-l'_{\text{fD}}}^{x'''_{\text{wD}}+l'_{\text{fD}}} K_0$$

$$\left[\sqrt{sf(s)}\sqrt{(x'''_{\text{wD}}-\xi)^2+(y'''_{\text{D}}-y'''_{\text{wD}})^2}\right]\text{d}\xi \quad (3-4)$$

式中　　q_{fD}——裂缝无因次产量；

　　　　l'_{fD}——裂缝无因次半长；

　　　　$(x_{\text{wD}}, y_{\text{wD}})$——裂缝中点位置；

　　　　$(x_{\text{D}}, y_{\text{D}})$——油藏中任意一点；

　　　　s——Laplace 变量；

　　　　上标"—"——该参数为拉氏空间变量；

　　上标" ′ "" ″ "" ‴ "——该变量为 $x'-y'$、$x''-y''$、$x'''-y'''$ 坐标系中的变量。

式（3-4）中，无因次变量定义如下：

$$q_{\text{fD}} = \frac{q_{\text{f}}}{Q} \quad l'_{\text{fD}} = \frac{l'_{\text{f}}}{h'} \quad x_{\text{wD}} = \frac{x_{\text{w}}}{h'} \quad y_{\text{wD}} = \frac{y_{\text{w}}}{h'} \quad y_{\text{D}} = \frac{y}{h'}$$

（3-5）

式中　　Q——水平井产量，m^3/s。

式（3-4）是压裂水平井在 $x'''-y'''$ 坐标系中压降计算公式，可以通过坐标旋转和坐标平移原理求出压裂水平井在 $x'-y'$ 坐标系内的压力变化。首先由坐标旋转原理知 $x'''-y'''$ 平面内坐标与 $x''-y''$ 平面内坐标转化关系为：

$$x''' = x''\cos\theta' + y''\sin\theta' \quad y''' = y''\cos\theta' - x''\sin\theta' \quad (3-6)$$

然后由坐标平移原理得 $x''-y''$ 平面内坐标与 $x'-y'$ 平面内坐标转化关系为：

$$x'' = x' - x'_{\text{w}} \quad y'' = y' - y'_{\text{w}} \quad (3-7)$$

式（3-7）代入式（3-6）可得 $x'''-y'''$ 平面内坐标与 $x'-y'$ 平面内坐标转化关系：

$$x''' = (x' - x'_{\text{w}})\cos\theta' + (y' - y'_{\text{w}})\sin\theta'$$
$$y''' = (y' - y'_{\text{w}})\cos\theta' - (x' - x'_{\text{w}})\sin\theta' \quad (3-8)$$

那么将式（3-8）无因次化，代入式（3-4）即可得到带有倾角 θ' 的裂缝在 $x'-y'$ 平面内水平井渗流问题的解：

$$\bar{\eta}_{\mathrm{D}0} = \bar{q}_{\mathrm{fD}} \int_{-l'_{\mathrm{fD}}}^{l'_{\mathrm{fD}}} K_0 \left\{ \sqrt{sf(s)} \times \right.$$

$$\left. \sqrt{\left[(x'_{\mathrm{D}} - x'_{\mathrm{wD}})\sqrt{\frac{k}{k_x}}\cos\theta' + (y'_{\mathrm{D}} - y'_{\mathrm{wD}})\sqrt{\frac{k}{k_y}}\sin\theta' - u\right]^2 + \left[(y'_{\mathrm{D}} - y'_{\mathrm{wD}})\sqrt{\frac{k}{k_y}}\cos\theta' - (x'_{\mathrm{D}} - x'_{\mathrm{wD}})\sqrt{\frac{k}{k_x}}\sin\theta'\right]^2} \right\} \mathrm{d}u$$

(3-9)

式（3-9）即是图3-2各向异性油藏中倾斜裂缝水平井井底无因次压力在拉氏空间的解。要想得到考虑地层应力敏感的时空间解，处理方法如本章2.4小节一致在此不再过多重复。

3.1.3　各向异性致密油藏体积压裂水平井油藏渗流模型

上述内容建立了各向异性油藏中单条倾斜裂缝水平井渗流模型，但在致密油藏体积压裂水平井中往往含有很多条倾斜裂缝。假设致密油藏中存在含有16条倾斜裂缝的体积压裂水平井（图3-5），裂缝间相互交叉且全部穿透地层、水平井段其他部位不射孔。该问题的解可基于式（3-9）计算得出。

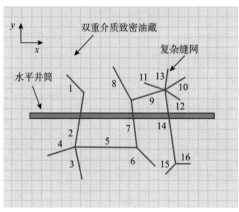

图3-5　致密油藏体积压裂水平井示意图

第3章 致密油藏体积压裂水平井单井渗流模型

考虑体积缝网内裂缝之间相互干扰，由叠加原理知，任意一条裂缝无因次压降表达式为：

$$\bar{\eta}_{D0,i} = \sum_{j=1}^{16} \bar{q}_{fDj} \bar{\eta}_{D0i,j} \qquad i = 1,2,\cdots,16 \qquad (3-10)$$

式中　$\bar{q}_{fDj}$——第 j 条裂缝的无因次产量；

$\bar{\eta}_{D0i,j}$——第 j 条裂缝在第 i 条裂缝处的无因次压降［该值可由式（3-9）计算得出］。

不考虑裂缝的渗流阻力则：

$$\bar{\eta}_{D0,i} = \bar{\eta}_{wD} \qquad (3-11)$$

式中　$\bar{\eta}_{wD}$——井底无因次压降。

各裂缝无因次产量之和为 1 的限制要求：

$$\sum_{j=1}^{16} \bar{q}_{fDj} = 1/s \qquad (3-12)$$

将式（3-10）~式（3-12）写成矩阵方程形式如下：

$$\begin{bmatrix} \bar{\eta}_{D01,1} & \bar{\eta}_{D01,2} & \cdots & \bar{\eta}_{D01,16} & -1 \\ \bar{\eta}_{D02,1} & \bar{\eta}_{D02,2} & \cdots & \bar{\eta}_{D02,16} & -1 \\ \vdots & \vdots & \ddots & \vdots & \vdots \\ \bar{\eta}_{D016,1} & \bar{\eta}_{D016,2} & \cdots & \bar{\eta}_{D016,16} & -1 \\ 1 & 1 & \cdots & 1 & 0 \end{bmatrix} \begin{bmatrix} \bar{q}_{fD1} \\ \bar{q}_{fD2} \\ \vdots \\ \bar{q}_{fD16} \\ \bar{\eta}_{wD} \end{bmatrix} = \begin{bmatrix} 0 \\ 0 \\ \vdots \\ 0 \\ 1/s \end{bmatrix} \qquad (3-13)$$

令：

$$A = \begin{bmatrix} \bar{\eta}_{D01,1} & \bar{\eta}_{D01,2} & \cdots & \bar{\eta}_{D01,16} \\ \bar{\eta}_{D02,1} & \bar{\eta}_{D02,2} & \cdots & \bar{\eta}_{D02,16} \\ \vdots & \vdots & \ddots & \vdots \\ \bar{\eta}_{D016,1} & \bar{\eta}_{D016,2} & \cdots & \bar{\eta}_{D016,16} \end{bmatrix} \quad q = \begin{bmatrix} \bar{q}_{fD1} \\ \bar{q}_{fD2} \\ \vdots \\ \bar{q}_{fD16} \end{bmatrix} \quad O = \begin{bmatrix} 0 \\ 0 \\ \vdots \\ 0 \end{bmatrix}_{16 \times 1}$$

$$(3-14)$$

$$II = \begin{bmatrix} 1 & 1 & \cdots & 1 \end{bmatrix}_{1 \times 16} \qquad (3-15)$$

则式（3-13）写成矩阵向量方程的形式为：

$$\begin{bmatrix} A & -II^T \\ II & 0 \end{bmatrix} \begin{bmatrix} q \\ \bar{\eta}_{wD} \end{bmatrix} = \begin{bmatrix} O \\ 1/s \end{bmatrix} \quad (3-16)$$

式（3-13）中有17个未知数包括 $\bar{q}_{fDi}$（$i = 1,2,\cdots,16$）以及 $\bar{\eta}_{wD}$，方程组的个数也是17个。所以方程组是可解的（解法详见本章2.4节），该解为只考虑油藏渗流的解。

3.2 复杂缝网内渗流模型

图3-5为既含有主裂缝又含有次生裂缝的复杂缝网，裂缝条数一共16条。裂缝间相互交叉形式包括了常见的几种情况，分别为两条裂缝相交（如裂缝1和裂缝2）、Y字形裂缝交叉（如裂缝5~裂缝7）、十字形裂缝交叉（裂缝2~裂缝5）以及多条裂缝交叉（如裂缝9~裂缝14）。图3-5中的缝网还包含了一个比较重要的问题，即处于两条裂缝之间的裂缝（如裂缝5和裂缝9）流量如何分配，向左、右两边裂缝各流入多少液体。关于该问题，目前文献中往往人为假定处在两条裂缝中间的裂缝一半流量流入左边裂缝一半流量流入右边。显然，这种假设在处理复杂缝网内液体渗流问题时是过于理想的。下面我们将给出该问题的详细解决办法，首先解决复杂缝网内交叉裂缝间传导率的问题。

3.2.1 复杂缝网内裂缝间传导率计算

复杂缝网内裂缝的交叉情况主要有四种形式，两条裂缝相交、三条裂缝相交、四条裂缝相交以及多条裂缝相交。裂缝相交示意图如图3-6所示：

第3章 致密油藏体积压裂水平井单井渗流模型

(a)两条裂缝交叉　　(b)Y字形交叉　　(c)十字形交叉　　(d)多裂缝交叉

图 3-6　复杂缝网中裂缝间相互交叉简图

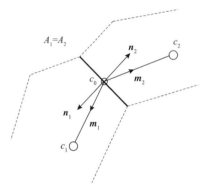

图 3-7　两裂缝相交示意图

为了便于理解，这里先分析两条裂缝理想相交的情况。假设两条裂缝相交交界面为同一平面，在二维空间坐标下两裂缝理想相交如图 3-7 所示。两条裂缝编号分别为裂缝 1 和裂缝 2，交界面面积 $A_1 = A_2$，交界面的面心以及两条裂缝的面心分别为 c_0、c_1、c_2。n_1、n_2 分别是裂缝 1 和裂缝 2 的内法线单位向量，m_1、m_2 分别是裂缝 1 和裂缝 2 的面心与交界面面心之间连线的单位向量。

裂缝 1 与裂缝 2 之间传导率计算公式为：

$$T_{12} = \frac{\gamma_1 \gamma_2}{\gamma_1 + \gamma_2} \qquad \gamma_i = \frac{A_i k_i}{\mu D_i} n_i m_i \qquad i = 1, 2 \qquad (3-17)$$

式中　T_{12}——两裂缝之间的传导率，$m^3/(Pa \cdot s)$；

k_i——裂缝的渗透率，$10^{-3} \mu m^2$；

D_i——两裂缝的面心到交界面的距离，m。

但在实际复杂缝网中,两条裂缝相交时交界面在二维平面上并不是一条线。而是如图3-8所示的平面,交叉区域(交叉区域用0表示)的几何尺寸远远小于两条裂缝的几何尺寸。此外,在本章3.1节油藏渗流计算时并没有将交叉区域(图3-8中0区域),作为独立的单元体单独考虑。故在处理复杂缝网内的流动时,我们也希望忽略交叉区域渗流表达式,仅将其作为裂缝1和裂缝2之间流体的传送媒介。

裂缝1和裂缝2之间传导率表达式为:

$$T_{12} = \frac{T_{10}T_{02}}{T_{10}+T_{02}} \quad (3-18)$$

相对于裂缝1交叉区域0的几何尺寸往往很小,则:

$$\left.\begin{array}{c}D_1 \gg D_0 \\ k_1 \approx k_0\end{array}\right\} \Rightarrow \gamma_1 << \gamma_0 \Rightarrow T_{10} \approx \gamma_1 \quad (3-19)$$

同理可知:

$$T_{02} \approx \gamma_2 \quad (3-20)$$

则裂缝1和裂缝2之间传导率表达式可近似为:

$$T_{12} = \frac{\gamma_1 \gamma_2}{\gamma_1 + \gamma_2} \quad (3-21)$$

如图Y图3-9所示为三条裂缝相互交叉形式。

图3-8 两条裂缝相互交叉简图   图3-9 三条裂缝相互交叉形式

同样对于 Y 字形交叉裂缝，我们也希望将交叉区域作为传递介质处理。同理可得：

$$T_{12} = \frac{\gamma_1 \gamma_2}{\gamma_1 + \gamma_2 + \gamma_3}$$

$$T_{13} = \frac{\gamma_1 \gamma_3}{\gamma_1 + \gamma_2 + \gamma_3} \quad (3-22)$$

$$T_{23} = \frac{\gamma_2 \gamma_3}{\gamma_1 + \gamma_2 + \gamma_3}$$

对于十字形交叉以及多裂缝相互交叉的裂缝，两条裂缝间传导率计算通式如下所示：

$$T_{i,j} = \frac{\gamma_i \gamma_j}{\sum_{k=1}^{n} \gamma_k} \quad (3-23)$$

3.2.2 复杂缝网内渗流模型

首先以图 3-8 中裂缝 1 为例，假设裂缝内满足一维达西渗流裂缝 1 的流量表达式可写为：

$$q_{f1} = T_{12}(\eta_{0,2} - \eta_{0,1}) \quad (3-24)$$

式中 $\eta_{0,1}$——裂缝 1 的压力；

$\eta_{0,2}$——裂缝 2 的压力。

引入附件 A 中无因次化变量，则裂缝 1 的无因次产量表达式为：

$$q_{fD1} = \frac{T_{12}\mu}{2\pi k_{if} h}(\eta_{D0,2} - \eta_{D0,1}) \quad (3-25)$$

对式（3-25）进行拉氏变换得：

$$\bar{q}_{fD1} = \frac{T_{12}\mu}{2\pi k_{if} h}(\bar{\eta}_{D0,2} - \bar{\eta}_{D0,1}) \quad (3-26)$$

如果该裂缝处有射孔孔眼，那么裂缝 1 的流量表达式如下所示：

$$\bar{q}_{fD1} = \frac{T_{12}\mu}{2\pi k_{if}h}(\bar{\eta}_{D0,2} - \bar{\eta}_{D0,1}) + \bar{Q}_k \quad (3-27)$$

式中 Q_k ——流入射孔孔眼的流量，m^3/s。

同理可写出图 3-8 中裂缝 2 的流量：

$$\bar{q}_{fD2} = \frac{T_{12}\mu}{2\pi k_{if}h}(\bar{\eta}_{D0,1} - \bar{\eta}_{D0,2}) \quad (3-28)$$

依据两条裂缝相交时裂缝流量计算原理，Y 字形交叉裂缝渗流控制方程可写为：

$$\bar{q}_{fD1} = \frac{T_{12}\mu}{2\pi k_{if}h}(\bar{\eta}_{D0,2} - \bar{\eta}_{D0,1}) + \frac{T_{13}\mu}{2\pi k_{if}h}(\bar{\eta}_{D0,3} - \bar{\eta}_{D0,1})$$

$$(3-29)$$

化简式 (3-29) 得：

$$\bar{q}_{fD1} = -\bar{\eta}_{D0,1}(K_{1,2} + K_{1,3}) + K_{1,2}\bar{\eta}_{D0,2} + K_{1,3}\bar{\eta}_{D0,3} \quad (3-30)$$

式 (3-30) 中，

$$K_{i,j} = \frac{T_{ij}\mu}{2\pi k_{if}h} \quad (3-31)$$

同理可得，Y 字形交叉裂缝中，裂缝 2 以及裂缝 3 的流量表达式为：

$$\begin{cases} \bar{q}_{fD2} = K_{2,1}\bar{\eta}_{D0,1} - \bar{\eta}_{D0,2}(K_{2,1} + K_{2,3}) + K_{2,3}\bar{\eta}_{D0,3} \\ \bar{q}_{fD3} = K_{3,1}\bar{\eta}_{D0,1} + K_{3,2}\bar{\eta}_{D0,2} - \bar{\eta}_{D0,3}(K_{3,1} + K_{3,2}) \end{cases} \quad (3-32)$$

式 (3-30)、式 (3-32) 写成矩阵方程的形式为：

$$\begin{bmatrix} -\sum_{k=2}^{3}K_{1,k} & K_{1,2} & K_{1,3} \\ K_{2,1} & -\sum_{k=1,3}K_{2,k} & K_{2,3} \\ K_{3,1} & K_{3,2} & -\sum_{k=1}^{2}K_{3,k} \end{bmatrix} \begin{bmatrix} \bar{\eta}_{D0,1} \\ \bar{\eta}_{D0,2} \\ \bar{\eta}_{D0,3} \end{bmatrix} = \begin{bmatrix} \bar{q}_{fD1} \\ \bar{q}_{fD2} \\ \bar{q}_{fD3} \end{bmatrix}$$

$$(3-33)$$

对于十字形交叉型裂缝[图3-6(c)]，依据上述原理裂缝内液体渗流控制方程写成矩阵方程的形式为：

$$\begin{bmatrix} -\sum_{k=2}^{4}K_{1,k} & K_{1,2} & K_{1,3} & K_{1,4} \\ K_{2,1} & -\sum_{k=1,3,4}K_{2,k} & K_{2,3} & K_{2,4} \\ K_{3,1} & K_{3,2} & -\sum_{k=1,2,4}K_{3,k} & K_{3,4} \\ K_{4,1} & K_{4,2} & K_{4,3} & -\sum_{k=1}^{3}K_{4,k} \end{bmatrix} \begin{bmatrix} \bar{\eta}_{D0,1} \\ \bar{\eta}_{D0,2} \\ \bar{\eta}_{D0,3} \\ \bar{\eta}_{D0,4} \end{bmatrix} = \begin{bmatrix} \bar{q}_{fD1} \\ \bar{q}_{fD2} \\ \bar{q}_{fD3} \\ \bar{q}_{fD4} \end{bmatrix}$$

(3-34)

为了使读者更深入地理解缝网内渗流模型的建立过程，我们给出图3-5中复杂缝网的渗流模型。首先要建立该缝网的传导率矩阵，由于该矩阵太大不便于书写。我们将其分成4个8×8的小矩阵，表达式如下所示：

$$K = \begin{bmatrix} K_a & K_b \\ K_c & K_d \end{bmatrix} \quad (3-35)$$

其中矩阵 K_a 的具体表达式如下所示：

$$K_a = \begin{bmatrix} -K_{1,2} & K_{1,2} & 0 & 0 & 0 & 0 & 0 & 0 \\ K_{2,1} & -\sum_{k=1,3,4,5}K_{2,k} & K_{2,3} & K_{2,4} & K_{2,5} & 0 & 0 & 0 \\ 0 & K_{3,2} & -\sum_{k=2,4,5}K_{3,k} & K_{3,4} & K_{3,5} & 0 & 0 & 0 \\ 0 & K_{4,2} & K_{4,3} & -\sum_{k=2,3,5}K_{4,k} & K_{4,5} & 0 & 0 & 0 \\ 0 & K_{5,2} & K_{5,3} & K_{5,4} & -\sum_{k=2-4,6,7}K_{5,k} & K_{5,6} & K_{5,7} & 0 \\ 0 & 0 & 0 & 0 & K_{6,5} & -\sum_{k=5,7}K_{6,k} & K_{6,7} & 0 \\ 0 & 0 & 0 & 0 & K_{7,5} & K_{7,6} & -\sum_{k=5,6,8,9}K_{7,k} & K_{7,8} \\ 0 & 0 & 0 & 0 & 0 & 0 & K_{8,7} & -\sum_{k=7,9}^{7}K_{8,k} \end{bmatrix}$$

(3-36)

矩阵 K_b、K_c 的具体表达式如下所示：

$$\boldsymbol{K}_{\mathrm{b}} = \begin{bmatrix} 0 & 0 & 0 & 0 & 0 & 0 & 0 \\ 0 & 0 & 0 & 0 & 0 & 0 & 0 \\ 0 & 0 & 0 & 0 & 0 & 0 & 0 \\ 0 & 0 & 0 & 0 & 0 & 0 & 0 \\ 0 & 0 & 0 & 0 & 0 & 0 & 0 \\ 0 & 0 & 0 & 0 & 0 & 0 & 0 \\ K_{7,9} & 0 & 0 & 0 & 0 & 0 & 0 \\ K_{8,9} & 0 & 0 & 0 & 0 & 0 & 0 \end{bmatrix}$$

$$\boldsymbol{K}_{\mathrm{c}} = \begin{bmatrix} 0 & 0 & 0 & 0 & 0 & K_{9,7} & K_{9,8} \\ 0 & 0 & 0 & 0 & 0 & 0 & 0 \\ 0 & 0 & 0 & 0 & 0 & 0 & 0 \\ 0 & 0 & 0 & 0 & 0 & 0 & 0 \\ 0 & 0 & 0 & 0 & 0 & 0 & 0 \\ 0 & 0 & 0 & 0 & 0 & 0 & 0 \\ 0 & 0 & 0 & 0 & 0 & 0 & 0 \\ 0 & 0 & 0 & 0 & 0 & 0 & 0 \end{bmatrix} \quad (3-37)$$

矩阵 $\boldsymbol{K}_{\mathrm{d}}$ 的具体表达式如下所示（由于该表达式过长，将其从中间截断写成了两行）：

$$\boldsymbol{K}_{\mathrm{d}} = \begin{bmatrix} -\sum_{k=7,8,10-14} K_{9,k} & K_{9,10} & K_{9,11} & K_{9,12} \\ K_{10,9} & -\sum_{k=9,11-14} K_{10,k} & K_{10,11} & K_{10,12} \\ K_{11,9} & K_{11,10} & -\sum_{k=9,10,12-14} K_{11,k} & K_{11,12} \\ K_{12,9} & K_{12,10} & K_{12,11} & -\sum_{k=9,10,11,13-14} K_{12,k} \\ K_{13,9} & K_{13,10} & K_{13,11} & K_{13,12} \\ K_{14,9} & K_{14,10} & K_{14,11} & K_{14,12} \\ 0 & 0 & 0 & 0 \\ 0 & 0 & 0 & 0 \end{bmatrix}$$

第3章 致密油藏体积压裂水平井单井渗流模型

$$\begin{matrix} K_{9,13} & K_{9,14} & 0 & 0 \\ K_{10,13} & K_{10,14} & 0 & 0 \\ K_{11,13} & K_{11,14} & 0 & 0 \\ K_{12,13} & K_{12,14} & 0 & 0 \\ -\sum_{k=9-12,14} K_{13,k} & K_{13,14} & 0 & 0 \\ K_{14,13} & -\sum_{k=9-13,15,16} K_{14,k} & K_{14,15} & K_{14,16} \\ 0 & K_{15,14} & -\sum_{k=14,16} K_{15,k} & K_{15,16} \\ 0 & K_{16,14} & K_{16,15} & -\sum_{k=14-15} K_{16,k} \end{matrix}$$

(3-38)

在裂缝2、裂缝7以及裂缝14处有射孔孔眼,忽略水平井筒管流压降则:

$$\overline{\eta}_{D0,2} = \overline{\eta}_{D0,7} = \overline{\eta}_{D0,14} = \overline{\eta}_{wD} \quad (3-39)$$

式中 $\overline{\eta}_{wD}$ ——拉氏空间井底流压。

由于水平井所有的产量都经射孔孔眼提供,所以射孔孔眼流量之和为:

$$\overline{Q}_{D2} + \overline{Q}_{D7} + \overline{Q}_{D14} = 1/s \quad (3-40)$$

式中 Q_2 ——裂缝2对应孔眼处液体流量,m^3/s;

Q_7 ——裂缝7对应孔眼处液体流量,m^3/s;

Q_{14} ——裂缝14对应孔眼处液体流量,m^3/s。

基于式(3-27)、式(3-35)以及式(3-39)式(3-40),图3-5中复杂缝网渗流矩阵方程可写为:

$$\begin{bmatrix} \boldsymbol{K} & \boldsymbol{O}_2 & \boldsymbol{O}_7 & \boldsymbol{O}_{14} & \boldsymbol{O} \\ \boldsymbol{\Theta} & 1 & 1 & 1 & 0 \\ \boldsymbol{\Theta}_2 & 0 & 0 & 0 & -1 \\ \boldsymbol{\Theta}_7 & 0 & 0 & 0 & -1 \\ \boldsymbol{\Theta}_{14} & 0 & 0 & 0 & -1 \end{bmatrix} \begin{bmatrix} \boldsymbol{p} \\ \overline{Q}_{D2} \\ \overline{Q}_{D7} \\ \overline{Q}_{D14} \\ \overline{\eta}_{wD} \end{bmatrix} = \begin{bmatrix} \boldsymbol{q} \\ 1/s \\ 0 \\ 0 \\ 0 \end{bmatrix} \quad (3-41)$$

式中 K——缝网的传导率矩阵,即式(3-35);

O——16×1 阶 0 向量;

Θ——1×16 阶 0 向量。其他向量具体表达式为:

$$q^T = [\bar{q}_{fD1} \quad \bar{q}_{fD2} \quad \bar{q}_{fD3} \quad \cdots \quad \bar{q}_{fD16}] \tag{3-42}$$

$$p^T = [\bar{\eta}_{D0,1} \quad \bar{\eta}_{D0,2} \quad \bar{\eta}_{D0,3} \quad \cdots \quad \bar{\eta}_{D0,16}] \tag{3-43}$$

$$O_2^T = [0\ 1\ 0\ 0\ 0\ 0\ 0\ 0\ 0\ 0\ 0\ 0\ 0\ 0\ 0\ 0] \tag{3-44}$$

$$O_7^T = [0\ 0\ 0\ 0\ 0\ 1\ 0\ 0\ 0\ 0\ 0\ 0\ 0\ 0\ 0\ 0] \tag{3-45}$$

$$O_{14}^T = [0\ 0\ 0\ 0\ 0\ 0\ 0\ 0\ 0\ 0\ 0\ 0\ 0\ 1\ 0\ 0] \tag{3-46}$$

$$\Theta_2 = [0\ 1\ 0\ 0\ 0\ 0\ 0\ 0\ 0\ 0\ 0\ 0\ 0\ 0\ 0\ 0] \tag{3-47}$$

$$\Theta_7 = [0\ 0\ 0\ 0\ 0\ 1\ 0\ 0\ 0\ 0\ 0\ 0\ 0\ 0\ 0\ 0] \tag{3-48}$$

$$\Theta_{14} = [0\ 0\ 0\ 0\ 0\ 0\ 0\ 0\ 0\ 0\ 0\ 0\ 0\ 1\ 0\ 0] \tag{3-49}$$

将致密油藏渗流矩阵方程[式(3-16)]以及复杂缝网内渗流矩阵方程[式(3-41)],通过连续性条件(油藏与裂缝的交接面处,流量和压裂相等)耦合成一个方程。则考虑缝网内部渗流的致密油藏体积压裂水平井渗流模型可写为:

$$\begin{bmatrix} A & -I & O & O & O & O \\ -I & K & O_2 & O_7 & O_{14} & O \\ \Theta & \Theta & 1 & 1 & 1 & 0 \\ \Theta & \Theta_2 & 0 & 0 & 0 & -1 \\ \Theta & \Theta_7 & 0 & 0 & 0 & -1 \\ \Theta & \Theta_{14} & 0 & 0 & 0 & -1 \end{bmatrix} \begin{bmatrix} q \\ p \\ \overline{Q}_{D2} \\ \overline{Q}_{D7} \\ \overline{Q}_{D14} \\ \overline{\eta}_{wD} \end{bmatrix} = \begin{bmatrix} O \\ O \\ 1/s \\ 0 \\ 0 \\ 0 \end{bmatrix} \quad (3-50)$$

式中 I——16×16 阶单位矩阵。

3.3 射孔孔眼渗流模型

地层中的液体首先流入复杂缝网,缝网内流体通过射孔孔眼流入水平井筒。图 3-5 中在裂缝 2、裂缝 7 以及裂缝 14 处孔眼的压降分别为:

$$\Delta \eta_{f2} = r_2 Q_2 \quad \Delta \eta_{f7} = r_7 Q_7 \quad \Delta \eta_{f14} = r_{14} Q_{14} \quad (3-51)$$

$$r_i = \frac{L_i \mu}{A_i k_i N_i} \quad i = 2, 7, 14 \quad (3-52)$$

式中 L_i ——射孔孔眼深度,m;

A_i ——射孔孔眼面积,m^2;

k_i ——射孔孔眼渗透率,$10^{-3} \mu m^2$;

N_i ——孔眼个数。

在此不考虑水平井摩擦压降,则:

$$\eta_w = \eta_{0,2} - \Delta \eta_{f2} \quad (3-53)$$

$$\eta_w = \eta_{0,7} - \Delta \eta_{f7} \quad (3-54)$$

$$\eta_w = \eta_{0,14} - \Delta \eta_{f14} \quad (3-55)$$

式中 η_w ——井底流压,Pa。

引入附件 A 中无因次化变量,将式(3-53)~式(3-55)无因

次化并写成拉氏空间表达式得:

$$\bar{\eta}_{wD} = \bar{\eta}_{D0,2} + R_2 \bar{Q}_{D2} \quad (3-56)$$

$$\bar{\eta}_{wD} = \bar{\eta}_{D0,7} + R_7 \bar{q}_{D7} \quad (3-57)$$

$$\bar{\eta}_{wD} = \bar{\eta}_{D0,14} + R_{14} \bar{q}_{D14} \quad (3-58)$$

$$R_i = \frac{2\pi k_{if} h L_i}{A_i k_i N_i} \quad i = 2, 7, 14 \quad (3-59)$$

式中 R_i —— 单位流量下射孔压降。

通过连续性条件,将射孔压降方程式(3-56)~式(3-58)耦合到式(3-50)中,并写成矩阵方程的形式为:

$$\begin{bmatrix} A & -I & O & O & O & O \\ -I & K & O_2 & O_7 & O_{14} & O \\ \Theta & \Theta & 1 & 1 & 1 & 0 \\ \Theta & \Theta_2 & R_2 & 0 & 0 & -1 \\ \Theta & \Theta_7 & 0 & R_7 & 0 & -1 \\ \Theta & \Theta_{14} & 0 & 0 & R_{14} & -1 \end{bmatrix} \begin{bmatrix} q \\ p \\ \bar{Q}_{D2} \\ \bar{Q}_{D7} \\ \bar{Q}_{D14} \\ \bar{\eta}_{wD} \end{bmatrix} = \begin{bmatrix} O \\ O \\ 1/s \\ 0 \\ 0 \\ 0 \end{bmatrix}$$

$$(3-60)$$

式(3-60)即为同时考虑油藏渗流、复杂缝网渗流以及射孔孔眼渗流的致密油藏体积压裂水平井渗流模型。

3.4 水平井筒变质量管流模型

由于射孔孔眼处流量的汇入,液体在水平井筒中的流动属于变质量管流,从水平井趾端到根端液体流量越来越大。管流压降一般由管壁摩擦阻力、液体加速压降以及重力压降组成,但国内外学者指出在水平井筒起伏不大的水平段,管壁摩擦压降是水平井筒管流压降的主要组成部分。在此,我们也仅研究管壁摩擦压降对水平井渗流的影响。如图3-10所示为压裂水平井变质量管流示意图。

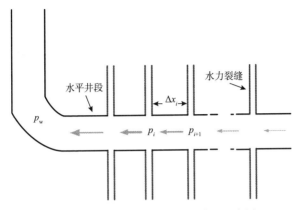

图3-10 压裂水平井变质量管流示意图

水平井筒变质量管流满足如下流动方程:

$$\eta_i = \eta_{i+1} - F_i \sum_{i=1}^{i} Q_i \quad i = 1,\cdots,N \quad (3-61)$$

$$F_i = \frac{8f\rho \Delta x_i}{\pi^2 D^3} \quad (3-62)$$

式中 f—— 管壁摩擦系数;

D—— 油管内径,m;

Q_i—— 射孔流量,m^3/s;

Δx_i—— 两个射孔段之间的间距,m。

引入附件A中无因次变量,将式(3-61)无因次化并写成拉氏空间表达式得:

$$\bar{\eta}_{Di} = \bar{\eta}_{Di+1} + M_i \sum_{i=1}^{i} \bar{Q}_{Di} \quad i = 1,\cdots,N \quad (3-63)$$

$$M_i = \frac{16 f k_{it} h \rho \Delta x_i}{\pi^2 \mu D^3} \quad (3-64)$$

式中 M ——单位流量下管流压降。

那么针对图 3-5 中具体情况，$\bar{\eta}_{D2}$、$\bar{\eta}_{D7}$、$\bar{\eta}_{D14}$ 以及 $\bar{\eta}_{wD}$ 之间的关系式如下所示：

$$\bar{\eta}_{D7} = \bar{\eta}_{D14} + M_{14}\bar{Q}_{D14} \quad (3-65)$$

$$\bar{\eta}_{D2} = \bar{\eta}_{D7} + M_7(\bar{Q}_{D7} + \bar{Q}_{D14}) \quad (3-66)$$

$$\bar{\eta}_{wD} = \bar{\eta}_{D2} + M_2(\bar{Q}_{D2} + \bar{Q}_{D7} + \bar{Q}_{D14}) \quad (3-67)$$

这里需要特别注意的是，$\bar{\eta}_{D2}$ 与 $\bar{\eta}_{D0,2}$ 并不是一个压力，它们之间相差射孔压降 $R_2\bar{Q}_{D2}$；$\bar{\eta}_{D7}$ 与 $\bar{\eta}_{D0,7}$ 之间相差射孔压降 $R_7\bar{Q}_{D7}$；$\bar{\eta}_{D14}$ 与 $\bar{\eta}_{D0,14}$ 之间相差射孔压降 $R_{14}\bar{Q}_{D14}$。

将射孔压降式（3-65）~式（3-67）耦合到式（3-60）中，并写成矩阵方程的形式为：

$$\begin{bmatrix} A & -I & O & O & O & O & O & O & O \\ -I & K & O_2 & O_7 & O_{14} & O & O & O & O \\ \Theta & \Theta & 1 & 1 & 1 & 0 & 0 & 0 & 0 \\ \Theta & \Theta_2 & R_2 & 0 & 0 & -1 & 0 & 0 & 0 \\ \Theta & \Theta_7 & 0 & R_7 & 0 & 0 & -1 & 0 & 0 \\ \Theta & \Theta_{14} & 0 & 0 & R_{14} & 0 & 0 & -1 & 0 \\ \Theta & \Theta & M_2 & M_2 & M_2 & 1 & 0 & 0 & -1 \\ \Theta & \Theta & 0 & M_7 & M_7 & -1 & 1 & 0 & 0 \\ \Theta & \Theta & 0 & 0 & M_{14} & 0 & -1 & 1 & 0 \end{bmatrix} \begin{bmatrix} q \\ p \\ \bar{Q}_{D2} \\ \bar{Q}_{D7} \\ \bar{Q}_{D14} \\ \bar{\eta}_{D2} \\ \bar{\eta}_{D7} \\ \bar{\eta}_{D14} \\ \bar{\eta}_{wD} \end{bmatrix} = \begin{bmatrix} O \\ O \\ 1/s \\ 0 \\ 0 \\ 0 \\ 0 \\ 0 \\ 0 \end{bmatrix}$$

$$(3-68)$$

式（3-68）即为图 3-5 中体积压裂水平井渗流模型，该模型考虑了油藏渗流、复杂缝网内的渗流、射孔孔眼流动以及水平井管流。缝网中共有 16 条裂缝，未知数包括 $\bar{q}_{fDi}$（$i = 1, 2, \cdots, 16$）、$\bar{\eta}_{D0,i}$（$i = 1, 2, \cdots, 16$）、$\bar{Q}_{D2}$、$\bar{Q}_{D7}$、$\bar{Q}_{D14}$、$\bar{\eta}_{D2}$、$\bar{\eta}_{D7}$、$\bar{\eta}_{D14}$ 以及 $\bar{\eta}_{wD}$，一共 39 个。矩阵中方程组的个数也是 39 个，所以方程

组是可解的，具体解法和本章2.4节中一致在此不再重复。

以上过程是在定产生产条件下，求水平井井底压力变化。Ozkan指出可用式（3-69）求油井的产液指数：

$$J = \frac{Q}{p_i - p_w} \quad (3-69)$$

式中 J ——油井产液指数，$m^3/(d \cdot MPa)$；
Q ——水平井产量，m^3/d；
p_w ——井底流压，MPa。

则在已知井底流压的前提下，油井的产量为：

$$Q = (p_i - p_w)J \quad (3-70)$$

3.5 小结

本章建立了致密油藏体积压裂水平井单井渗流耦合模型，在此过程中得到的主要认识和结论如下：

（1）在第2章新建面源函数的基础上利用等效变换以及坐标变换，进一步改进了新建面源函数。使之能解决各向异性油藏中倾斜裂缝渗流问题，为解决致密油藏复杂缝网渗流奠定了理论基础。

（2）基于改进的面源函数，应用叠加原理建立了考虑致密油藏体积缝网内裂缝间相互干扰的油藏渗流模型。之后应用"星-三角形"变换方法，建立了复杂缝网中裂缝间的传导率计算公式。假设复杂缝网内为一维达西渗流，基于传导率计算公式，建立了缝网内压力计算模型，解决了交叉裂缝产量"劈分"渗流问题。

（3）建立了射孔压降以及水平井筒变质量管流压降模型，最后将油藏渗流模型、缝网内渗流模型、射孔压降模型以及水平井筒管流压降模型，通过交接面处流量和压力相等的连续性条件耦合在一起，形成了致密油藏体积压裂水平井单井耦合渗流模型。

第4章 致密油藏体积压裂水平井单井渗流模型计算分析

本章主要对第3章所建渗流模型进行正确性验证和计算分析。认清致密油藏单口体积压裂水平井渗流规律，找出影响体积压裂水平井渗流的主要因素，为现场致密油藏体积压裂水平井的开发提供理论指导。由于本书所建模型需已知体积压裂缝网的位置坐标和几何尺寸，但如何确定现场真实的体积缝网形态又是一个亟待解决的难题且不是本书的研究目标。所以，本章所使用的复杂缝网均是人为构建的，采用了目前文献中学者所认可的几种典型缝网（图4－1）。分别为①矩形缝网：缝网整体呈矩形，体积缝网内裂缝垂直相交，且关于水平井筒对称分布；②椭圆形缝网：缝网为椭圆形，裂缝垂直相交同样关于水平井筒对称分布；③"拉链式"缝网：主裂缝上含有许多小裂缝，主裂缝与小裂缝之间相互垂直且关于井筒对称分布；④不规则缝网：该缝网内部裂缝分布没有确定的规律，裂缝的倾角各不相同且裂缝之间相交的角度大多不是直角。

本章根据实际算例需要，大部分采用了垂直正交且关于水平井筒对称的缝网［图4－1（a）~图4－1（c）］。另外，为了全面体现第3章所建模型的特点，也对不规则缝网进行了计算分析。

第4章 致密油藏体积压裂水平井单井渗流模型计算分析

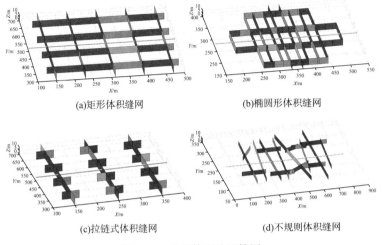

图4-1 典型体积缝网简图

4.1 渗流模型正确性验证

在进行计算分析之前,首先对第3章所建渗流模型进行全方位验证。本小节将采用两种方法对该模型进行准确性检验:

(1)模型计算结果规律性验证。油藏渗流问题无论是利用解析方法、半解析方法(本书所用模型属于半解析模型),还是数值方法求解,求得的油藏渗流规律是相同的。前人通过解析方法对油藏渗流规律进行了大量的研究,本章4.1.1小节将以此为依据对本书所建模型进行检验。

(2)与文献中半解析模型对比验证。由于本书所建模型考虑了油藏双重介质渗流特性、应力敏感特性、裂缝的倾角问题、水平井射孔压降以及管流压降对水平井渗流的影响。考虑因素较多,目前文献中尚未发现能和本书所建模型进行全面对比验证的半解析模型，只能将本书所建模型简化为文献中已发表的模型进行验证。本章4.1.2小节将以 Chen ZM 模型为对象，对本书所建模型进行检验。

4.1.1 致密油藏体积压裂水平井渗流模型渗流规律验证

自20世纪60年代以来，学者们对直井、水平井以及压裂水平井的油藏渗流规律进行了大量的研究。并在双对数坐标系中总结出不同井型的油藏渗流规律，主要流型有线性流、双线性流、径向流、拟径向流以及窜流等。图4-2以分段压裂水平井渗流为例，以流型出现早晚为顺序给出几种常见油藏渗流示意图。

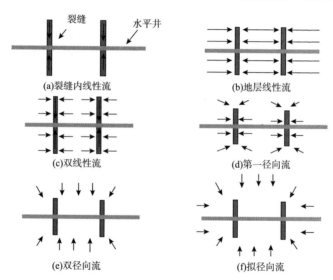

图4-2 压裂水平井渗流示意图

假设在致密油藏中有4条等长度垂直穿透地层裂缝，裂缝纵横垂直交错形成含有12条小裂缝的复杂缝网，裂缝的几何尺寸和位置分布如图4-3所示。致密油藏其他基础参数见表4-1。

第4章 致密油藏体积压裂水平井单井渗流模型计算分析

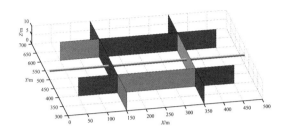

图 4-3 体积压裂水平井示意图

表 4-1 致密油藏基础数据汇总

参 数	数 值
油藏厚度/m	10
$K_x/10^{-3}\mu m^2$	1
$K_y/10^{-3}\mu m^2$	1
人工裂缝渗透率/$10^{-3}\mu m^2$	10^6
窜流系数（实数）	10^{-6}
地层压力/MPa	12
井底流压（定压生产）/MPa	7.5
油藏孔隙度（实数）	0.1
体积系数/（m^3/m^3）	1
原油黏度/mPa·s	1
压缩系数/MPa^{-1}	4.35×10^{-4}
储容比（实数）	0.03
产量（定产生产）/（m^3/d）	15.9

依据第3章相关内容，基于表4-1中油藏数据，在定产条件下求解图4-3中体积压裂水平井的压力解。在双对数坐标系中作无因次压降 p_{wD}、无因次压降导数 dp_{wD} 与无因次时间 t_D 的双对数试井曲线如图4-4所示。

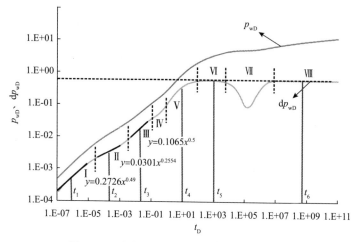

图4-4 致密油藏体积压裂水平井试井曲线

观察图4-4可知，不同时间段无因次压降导数曲线显示的规律不同，分段拟合出的公式也不一样。结合前人对试井曲线的认识，可将体积压裂水平井划分为七个流动阶段。以每个流动阶段出现的早晚为顺序，总结各个流动阶段的具体渗流规律如下：

Ⅰ为裂缝内线性流 [图4-2 (a)]，该阶段最早出现且持续时间很短，水平井产出的液体主要来自于复杂裂缝网络内部的流体。由图4-4可知，该阶段无因次压降导数（y）与无因次时间（x）之间的函数关系式为：

$$y = 0.2726x^{0.49} \tag{4-1}$$

式（4-1）表明，在双对数坐标系中，流动阶段Ⅰ的压降导数曲线斜率约为0.5，与学者们研究的裂缝内线性流规律相同。

Ⅱ为地层-人工裂缝双线性流动 [图4-2 (b)]，随着复杂缝网内液体的逐渐产出，压降波及到缝网附近的地层。地层内的液体线性流入裂缝，这时水平井的产液量一部分来自复杂缝网另

第4章 致密油藏体积压裂水平井单井渗流模型计算分析

一部分来自地层。该阶段无因次压降导数（y）与无因次时间（x）之间的函数关系式为：

$$y = 0.0301x^{0.2504} \qquad (4-2)$$

式（4-2）表明，在双对数坐标系中，流动阶段Ⅱ的压降导数曲线斜率约为0.25，与学者们研究的双线性渗流规律完全一致。

Ⅲ为地层线性流[图4-2（c）]，在此期间水平井的产量主要来自致密油藏中天然裂缝系统。由图4-4可知，该阶段无因次压降导数（y）与无因次时间（x）之间的函数关系式为：

$$y = 0.1065x^{0.5} \qquad (4-3)$$

式（4-3）表明，在双对数坐标系中，流动阶段Ⅲ的压降导数曲线斜率约为0.5，与学者们研究的地层线性流规律相同。

Ⅳ为过渡流，该阶段是地层线性流到缝网内裂缝相互干扰流的过渡阶段。

Ⅴ为缝网内裂缝相互干扰流动，随着压降的进一步扩大，复杂缝网中的裂缝发生相互干扰，压降导数曲线出现"驼峰"状凸起。该流动阶段是体积压裂水平井特有流动阶段，公开发表的文献中尚未有学者对其进行分析解释。本书在本章4.3.1小节中对该渗流阶段进行了分析，找出了影响该阶段渗流的主要因素。

Ⅵ为天然裂缝系统拟径向流阶段，在此期间水平井产出的液体全部来自天然裂缝系统且达到拟稳态流动，该阶段主要反映了天然裂缝系统的渗流特点。

Ⅶ为窜流，该流动是双重介质油藏渗流特有阶段，此阶段代表基质系统开始向天然裂缝系统供给液体。该阶段主要特征是压降导数曲线有一"凹槽"，"凹槽"出现的早晚和持续时间的长短受窜流系数及储容比影响较大，本书将在本章4.2.5及4.2.6小节中进行详细讨论。

致密油藏体积压裂水平井渗流模型

Ⅷ为整个油藏系统拟径向流,随着开采的持续进行,天然裂缝系统和基质系统都达到了拟稳态径向流,对应压降导数曲线为一水平线,值为 0.5。该规律与 Ting Huang 研究的规律一致。

以上我们划分了致密油藏单口体积压裂水平井的渗流阶段,典型渗流阶段所反映出的规律均与学者们得出的规律一致,一定程度上说明了第 3 章所建的模型正确性。下面为了更清晰地说明每个渗流阶段体积缝网内的裂缝的供给情况,我们给出了图 4-4 中 $t_1 \sim t_6$ 每个时刻下裂缝贡献率(裂缝贡献率定义为,单条裂缝的产量与水平井产量之比,缝网中所有裂缝贡献率之和为 1。X-Y 代表裂缝的位置,Z 轴代表贡献率的大小,颜色无任何物理意义仅为了区分不同的裂缝)。详细情况如图 4-5 所示。

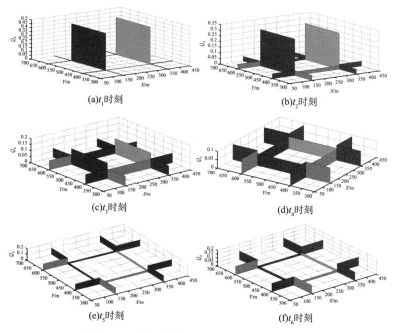

图 4-5 不同时刻体积压裂水平井裂缝贡献率

第4章 致密油藏体积压裂水平井单井渗流模型计算分析

t_1 时刻处于裂缝线性流阶段，由于刚开始生产水平井的流量主要由和水平井筒接触的两条裂缝提供，其中每条裂缝的贡献率接近0.5［图4-5（a）］。t_2 时刻位于双线性流阶段，缝网中其他裂缝的贡献率慢慢增加［图4-5（b）］。t_3 时刻为地层线性流阶段，该阶段缝网内裂缝之间仍未发生相互干扰。表现在除和水平井筒接触的两条裂缝外，其他裂缝的贡献率几乎全部相等［图4-5（c）］。t_4 时刻处于复杂缝网内裂缝相互干扰阶段，表现在缝网外部裂缝的贡献率高于内部裂缝的贡献率［图4-5（d）］。t_5 和 t_6 分别位于两个拟稳态径向流动阶段，第Ⅵ个流动阶段中所有时刻裂缝贡献率与 t_5 时刻一样，第Ⅷ个流动阶段中所有时刻裂缝贡献率与 t_6 时刻一样。

4.1.2 与半解析模型进行对比验证

2016年，Chen ZM 等建立了"拉链式"体积压裂水平井渗流模型［图4-1（c）］，模型中油藏渗流由 Ozkan 面源函数计算并且考虑了缝网内渗流，但忽略了射孔压降和水平井筒管流压降。在此简化本书第3章所建渗流模型，同样忽略射孔压降以及水平井筒管流压降，对比两模型计算结果。所使用的基础数据见表4-2。

表4-2 致密油藏基础数据汇总

参　数	数　值
油藏厚度/m	2
原油黏度/mPa·s	1
主裂缝长度/m	400
次生裂缝长度/m	40
窜流系数（实数）	2×10^{-4}
储容比（实数）	0.16

续表

参　数	数　值
产量/（m³/d）	100
油藏孔隙度（实数）	0.1
体积系数/（m³/m³）	1
主裂缝个数（实数）	3
次生裂缝个数（实数）	12
压降系数/MPa^{-1}	4×10^{-4}
地层压力/MPa	26

由图 4 -6 可知，本书所建模型计算结果与 Chen ZM 模型计算结果基本相同，但在开发早期两模型计算结果略有区别。作者认为由于 Chen ZM 模型缝网内液体的渗流方向是人为假定的，而本书模型缝网中液体渗流方向是依据缝网内压差大小自动选择的。缝网内液体渗流的不同处理方式可能是造成前期开发数据出现较小差别的主要原因。

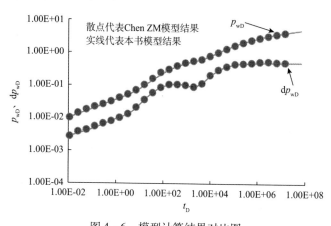

图 4 -6　模型计算结果对比图

4.2 致密油藏体积压裂水平井单井渗流模型敏感性分析

对渗流模型进行参数敏感性分析，以便更清楚地认识体积压裂水平井渗流规律。本节计算所用的基础数据见表4-1，所用体积压裂水平井如图4-7所示。

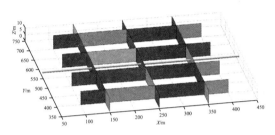

图4-7 体积压裂水平井缝网简图

4.2.1 射孔压降敏感性分析

当单位流量下射孔压降系数 R 分别等于 0MPa^{-1}、0.1MPa^{-1}、1MPa^{-1}、10MPa^{-1} 时，水平井井底无因次压降以及累产变化如图4-8和图4-9所示（这里需要特别注意的是，压力曲线是在定产条件下求得的，累产曲线是在定压条件下求得）。

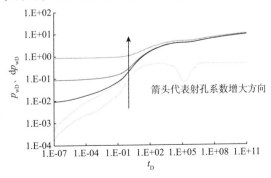

图4-8 射孔系数对井底无因次压降敏感性分析

由图 4 - 8 可知，随着射孔系数的增大，体积压裂水平井生产前期井底压降越来越大，对开发后期无因次井底压降没有影响。整个开发期间，压降导数曲线几乎没有变化，说明射孔压降对体积压裂水平井流动规律没有影响。

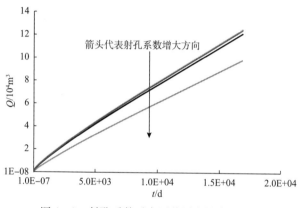

图 4 - 9 射孔系数对水平井累产敏感性分析

由图 4 - 9 可知，随着射孔系数的增大体积压裂水平井累产越来越小。现场射孔压降系数一般在 $0 \sim 0.1 \text{MPa}^{-1}$，所以可以忽略射孔压降对水平井渗流规律的影响。

4.2.2 水平井水平段变质量管流压降敏感性分析

当单位流量下水平井管流压降系数分别等于 10^{-6}MPa^{-1}、10^{-3}MPa^{-1}、10^{-1}MPa^{-1} 时，分析其变化对井底压降以及累产的影响（图 4 - 10）。

由图 4 - 10 可知，随着井筒压降系数的增大，体积压裂水平井井底压降越来越大。从压降导数曲线上看，水平井筒管流压降主要对裂缝内线性流、双线性流以及地层线性流有一定的影响。井筒压降系数越大，裂缝内线性流持续时间越长，相应双线性流以及地层线性流持续时间减少,但对后期开发规律没有影响(图4-11)。

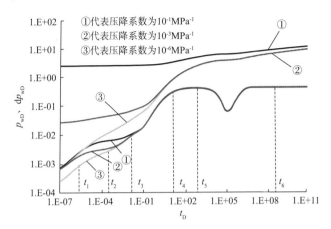

图4-10 管流压降系数对井底无因次压降敏感性分析

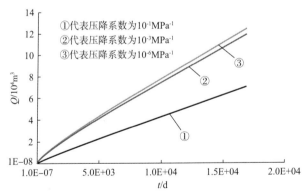

图4-11 管流压降系数对累产敏感性分析

由图4-11知,随着井筒压降系数的增大,体积压裂水平井累产越来越小。现场压降系数一般在 $0 \sim 0.001\text{MPa}^{-1}$ 之间,所以水平井筒压降对产量预测影响较小。当管流压降系数为

$0.001\mathrm{MPa}^{-1}$ 时,图 4-10 中 6 个时刻 ($t_1 \sim t_6$) 下体积压裂缝网中每条裂缝的贡献率如图 4-12 所示。

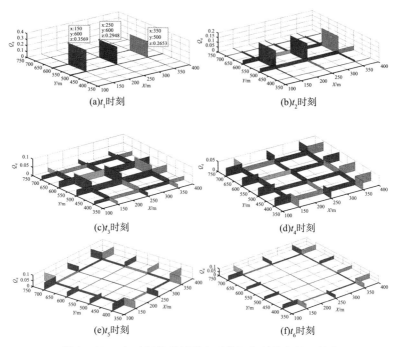

图 4-12 各时刻体积压裂水平井每条裂缝产量贡献率
(图中裂缝高度代表产量贡献率的大小,裂缝颜色无实际物理意义)

由图 4-12 可知,t_1 时刻水平井刚开始生产,与水平井筒接触的三条裂缝产量贡献率分别为 0.3569、0.2948、0.2653。由于考虑了水平井筒变质量管流压降,所以三条裂缝贡献率各不相同。靠近水平井根端的裂缝产量贡献率最高,靠近水平井趾端的裂缝产量贡献率较低。其他时刻裂缝贡献率变化与本章 4.1.1 小节中分析基本一样,在此不再重复叙述。

第4章 致密油藏体积压裂水平井单井渗流模型计算分析

4.2.3 体积缝网渗透率敏感性分析

假设复杂缝网中所有裂缝渗透率都相等，当裂缝渗透率分别为 $10^8 \times 10^{-3} \mu m^2$、$10^7 \times 10^{-3} \mu m^2$、$10^6 \times 10^{-3} \mu m^2$、$10^5 \times 10^{-3} \mu m^2$、$10^4 \times 10^{-3} \mu m^2$ 时井底无因次压降及累产变化如图4-13和图4-14所示。

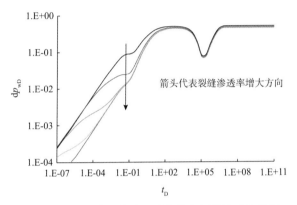

图4-13　缝网渗透率对无因次井底压降敏感性分析

由图4-13可以看出，缝网渗透率主要对前三个流动阶段影响较大。随着渗透率的逐渐增大，裂缝线性流以及双线性流持续时间越来越短。地层线性流持续时间越来越长，当裂缝渗透率增大到 $10^8 \times 10^{-3} \mu m^2$ 时裂缝线性流以及双线性流消失。说明此时的裂缝渗透率极高，进入裂缝的液体几乎瞬间到达水平井筒。

由图4-14可以看出，随着渗透率的增加体积压裂水平井累产越来越高，但增幅越来越小。当渗透率增加到一定值时，渗透率的增加几乎不影响水平井的累产。

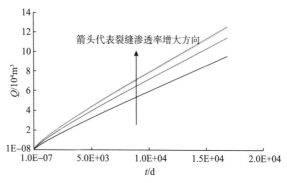

图 4-14　缝网渗透率对累产敏感性分析

4.2.4　地层渗透率模量敏感性分析

致密油藏一般有较强的应力敏感现象，当地层渗透率模量为 $0\mathrm{MPa}^{-1}$、$0.05\mathrm{MPa}^{-1}$、$0.1\mathrm{MPa}^{-1}$ 时，井底无因次压降及累产变化如图 4-15 和图 4-16 所示。

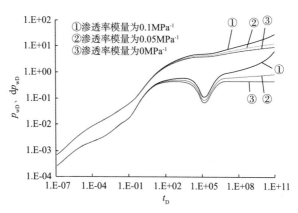

图 4-15　地层渗透率模量对水平井压降敏感性分析

由图 4-15 可以看出，应力敏感对开发前期几乎没有影响，

第4章 致密油藏体积压裂水平井单井渗流模型计算分析

对开发后期影响较大。随着应力敏感值的增加开发后期井底无因次压降越来越大,压降导数逐渐上翘表现出封闭边界试井曲线特征。如果忽略地层应力敏感效应,会对现场试井解释带来较大的干扰。

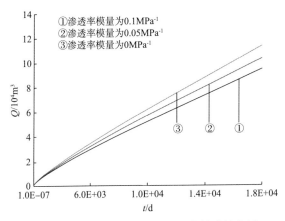

图 4 - 16 应力敏感对水平井累产敏感性分析

由图 4 - 16 可以看出,应力敏感对水平井累产有较大影响。随着应力敏感数值的增加,水平井累产越来越小。现场致密油藏应力敏感大小一般在 0 ~ 0.1 之间,可见致密油藏中应力敏感现象是不可忽略的。

4.2.5 储容比敏感性分析

储容比是双重介质油藏中一个非常关键的参数,它代表天然裂缝系统内储存的液体与基质系统内存储液体之比。当储容比分别为 1、0.3、0.03 以及 0.003 时,无因次压降曲线与水平井累产变化如图 4 - 17 和图 4 - 18 所示。

由图 4 - 17 可知,储容比的大小主要对水平井窜流阶段有影响,储容比越大"凹槽"的深度越浅且窜流持续时间越短。当储容比为1时[式(2-15)中$f(s)=1$],此时双重介质油藏变成了单重介质油藏,"凹槽"消失没有窜流阶段。

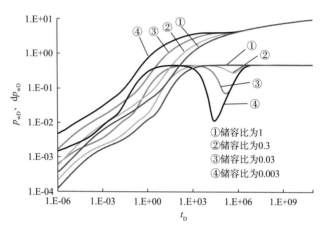

图4-17 储容比对水平井压降敏感性分析

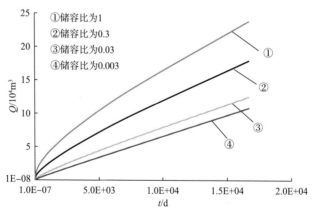

图4-18 储容比对水平井压降敏感性分析

由图4-18可知,储容比的大小对水平井的累产影响非常大,随着储容比的增加水平井累产越高。

4.2.6 窜流系数敏感性分析

窜流系数的大小反应基质系统渗透率与天然裂缝系统渗透率之比，其值一般在 $10^{-7} \sim 10^{-3}$ 之间。当窜流系数分别为 10^{-6}、10^{-4} 以及 10^{-2} 时，无因次压降曲线与水平井累产变化如图 4-19 和图 4-20 所示。

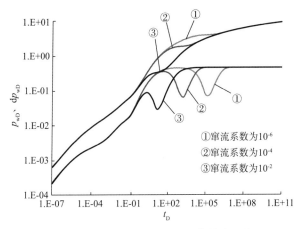

图 4-19 窜流系数对水平井压降敏感性分析

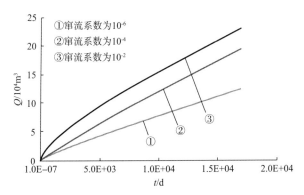

图 4-20 窜流系数对水平井累产敏感性分析

由图 4-19 可知，窜流系数的大小主要影响致密油藏基质系统向天然裂缝系统窜流出现的时间。窜流系数越大窜流出现的时间越早，"凹槽"的位置也越靠左，掩盖了其他流动阶段的渗流特征。

由图 4-20 可知，窜流系数对水平井的累产影响较大，窜流系数越大水平井累产越高。

4.3 体积压裂水平井布缝方式敏感性分析

致密油藏体积压裂水平井缝网布缝方式包含很多内容，如缝网间距、缝网渗透率分布、缝网中主裂缝与地层最大渗透率的夹角以及缝网密度等。下面将对这些参数进行敏感性分析，以期为现场致密油藏体积压裂施工提供一定的理论指导。

4.3.1 缝网间距敏感性分析

致密油藏体积压裂水平井如图 4-21 所示，水平井有两个纵横垂直交错缝网，缝网内共有 24 条裂缝。致密油藏其他基础数据见表 4-1。当两缝网间间距分别为 200m、500m、1000m 时，

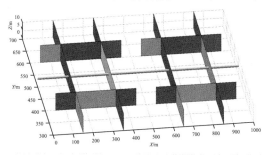

图 4-21　致密油藏体积压裂水平井简图

第4章 致密油藏体积压裂水平井单井渗流模型计算分析

水平井井底无因次压降及累产如图4-22和图4-23所示。

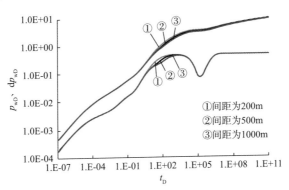

图4-22 缝网间距对水平井压降敏感性分析

由图4-22可知，缝网间距主要对第四个流动阶段（复杂缝网间相互干扰）有较大影响，对其他流动阶段没有影响。随着缝网间距的增加，"驼峰"状凸起逐渐降低。

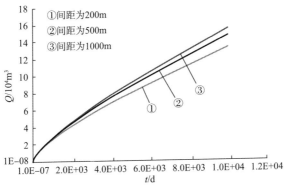

图4-23 缝网间距对水平井累产敏感性分析

由图4-23可知，随着缝网间距的增大累产越来越高，但增加的幅度降低。主要是由于随着间距的增大缝网间相互干扰的影响逐渐降低，这是累产增高的主要原因。另外，间距的变长增大了水平井筒管流压降,减少了累产增加的幅度。

4.3.2　平面各向异性敏感性分析

致密油藏平面各向异性是指,x轴方向渗透率不等于y方向即$k_x \neq k_y$。将k_x/k_y定义为平面各向异性系数,平面等效渗透率$k_{xy} = (k_x \times k_y)^{0.5}$。令$k_{xy} = 1 \times 10^{-3} \mu m^2$,当平面各向异性系数分别为0.01(此时$k_x = 0.1 \times 10^{-3} \mu m^2$,$k_y = 10 \times 10^{-3} \mu m^2$)和100(此时$k_x = 10 \times 10^{-3} \mu m^2$,$k_y = 0.1 \times 10^{-3} \mu m^2$)时。水平井井底无因次压降及累产如图4-25和图4-26所示(为了能更直观地说明各向异性对体积压裂水平井生产的影响,我们使用图4-24所示"拉链式"体积缝网。致密油藏其他参数见表4-1,渗透率方向平行于相应坐标轴方向)。

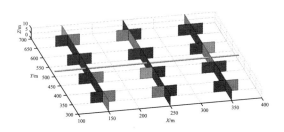

图4-24　致密油藏体积压裂水平井简图

由图4-25知,油藏各向异性主要影响过渡流和裂缝间相互干扰流动阶段,对其他阶段无明显影响。

由图4-26可知,各向异性值越大体积压裂水平井产能越高。这是由于体积压裂水平井主要裂缝方向垂直于x轴,k_x越大油藏中的液体流入主裂缝所需的能耗越低产能越高。所以,在现场进行压裂作业时,应使主裂缝垂直于油藏最大渗透率,以获得更高的产量。

第4章 致密油藏体积压裂水平井单井渗流模型计算分析

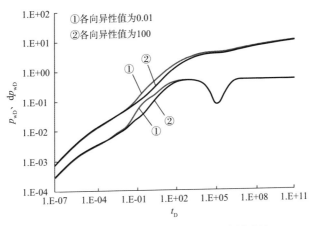

图 4-25 平面各向异性对无因次压降敏感性

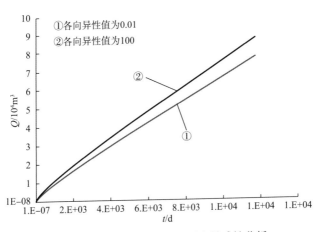

图 4-26 平面各向异性对累产敏感性分析

4.3.3 缝网密度敏感性分析

致密油藏压裂区域体积一定,当"网眼"尺寸由（200×160）m^2 变为（100×80）m^2（图4-27）以及（50×40）m^2 时,

水平井产能变化如图 4-28 所示（其他数据见表 4-1）。

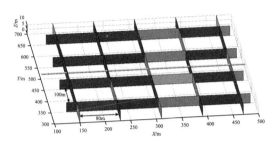

图 4-27　致密油藏体积缝网简图
["网眼"面积为 $(100 \times 80) m^2$]

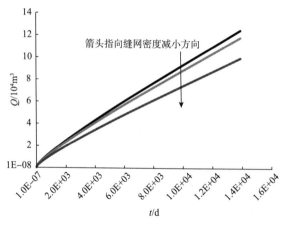

图 4-28　不同缝网密度下水平井产能

由图 4-28 可知，缝网密度越大水平井产能越高，但水平井产能增加的幅度越来越小。由此可见，在压裂区体积一定的情况下，增大缝网密度对水平井产能的提高是有限的。

图 4-29 是"网眼"面积为 (100×80) m^2 时体积压裂水平井无因次压降图，图中五个时刻 $(t_1 \sim t_5)$ 下体积压裂水平井中裂缝贡献率如图 4-30 所示。

第4章 致密油藏体积压裂水平井单井渗流模型计算分析

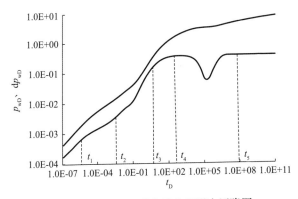

图4-29 体积压裂水平井无因次压降图

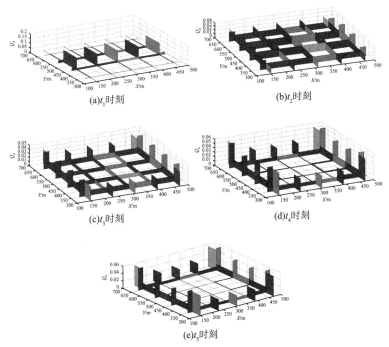

图4-30 各时刻体积压裂水平井每条裂缝产量贡献率
(图中裂缝高度代表产量贡献率的大小，裂缝颜色无实际物理意义)

t_1 时刻 [图 4-30 (a)] 体积压裂水平井刚开始生产,油井的产量主要由和井筒接触的裂缝供给。随着生产的进行,压降扩大到整个裂缝网络所有裂缝的贡献率较为接近。到 t_3 时刻 [图 4-30 (c)],缝网内部裂缝间相互干扰较为严重,外围裂缝受干扰较小产量贡献率要高于缝网内部裂缝。t_4 时刻 [图 4-30 (d)] 缝网内部油藏中液体较少,水平井的产量主要来自外部裂缝的供给。t_5 [图 4-30 (e)] 是经过基质系统向天然裂缝系统窜流之后的时刻,缝网内部裂缝的供给几乎为 0,这时缝网内部油藏中的液体已几乎全部采出。水平井的产量主要来自缝网外部油藏,所以缝网外围裂缝的整体贡献率最高。

4.3.4 压裂区体积敏感性分析

在缝网密度一定的情况下,为了分析压裂区体积大小对产能的影响,做了以下三组计算。三组计算中压裂区体积分别为:$1.6 \times 10^6 \mathrm{m}^3$、$3.2 \times 10^6 \mathrm{m}^3$(图 4-31)以及 $6.4 \times 10^6 \mathrm{m}^3$。压裂区体积对水平井产能的影响如图 4-32 所示。

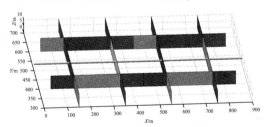

图 4-31 致密油藏体积缝网简图($3.2 \times 10^6 \mathrm{m}^3$)

由图 4-32 可知,压裂区体积对水平井的产能影响很大。压裂区体积越大,水平井累产越高,所以在现场施工过程中应尽可能增加压裂区体积。

第4章 致密油藏体积压裂水平井单井渗流模型计算分析

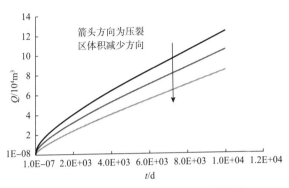

图 4-32 不同压裂区体积对产量的影响

4.3.5 体积压裂区缝网形状敏感性分析

如本章开头所述，体积缝网的形态具有很强的不确定性。在此我们对比了三种缝网［矩形缝网（图 4-33）、椭圆形缝网（图 4-34）以及不规则缝网（图 4-35）］的生产情况，在三组算例中设定，缝网的体积以及裂缝的总长度相等。水平井在三种缝网生产时，累产变化如图 4-36 所示。

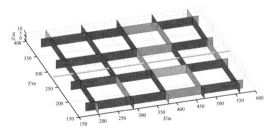

图 4-33 矩形缝网示意图

由图 4-36 可知，在压裂区体积和裂缝总长度相同的情况下。不同形状的缝网水平井累产相差不大。不规则缝网累产比其他两种缝网累产稍大一些，但没有明显优势。说明在压裂区体积和裂缝总长度相等的情况下,缝网的形状对水平井的产量影响较小。

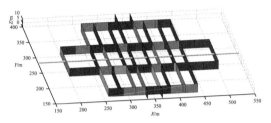

图4-34 椭圆形缝网示意图

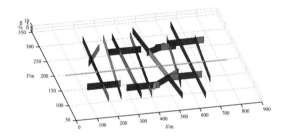

图4-35 不规则缝网示意图

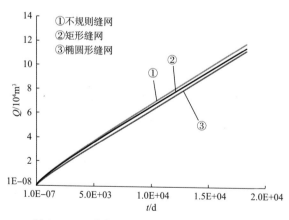

图4-36 不同缝网形状对水平井累产的影响

第4章 致密油藏体积压裂水平井单井渗流模型计算分析

4.4 小结

本章首先验证了第3章所建致密油藏体积压裂水平井单井渗流模型的正确性。并对模型中关键参数进行了敏感性分析，研究了体积压裂水平井布缝方式对水平井开采的影响。得到了以下结论和认识：

（1）目前文献中，在建立致密油藏体积压裂水平井渗流模型时，往往直接忽略水平井射孔压降和水平段变质量管流压降。但通过本章4.2.1和4.2.2小节计算可知：射孔压降对水平井渗流规律和产量影响均较小，可以忽略不计。而水平井水平段变质量管流压降对开发前期渗流规律有较大影响，对产量也有一定的影响，故在计算分析时应考虑变质量管流压降的影响。

（2）通过本章4.2.3小节中计算可知，体积缝网整体渗透率的大小对水平井渗流规律和产量有较大影响。渗透率的增加能提高水平井累产但并不是无限提高，当渗透率增大到一定程度时，渗透率的增加对累产的影响变小。

（3）地层应力敏感主要影响开发后期水平井渗流规律，不考虑地层应力敏感现象会对试井解释以及水平井产量预测带来很大的误差。

（4）储容比和窜流系数对水平井的开发规律都有较大影响，储容比越大窜流阶段持续时间越短、"凹槽"越浅、水平井的累产越高。窜流系数影响"凹槽"出现的位置，窜流系数越大"凹槽"出现的越早水平井累产越高。

（5）缝网间距越大，水平井累产越高，但增加的幅度越来越小。主要由于间距越大消耗在水平段的管流压降越大，导致累产增幅减少。

（6）由地层平面各向异性分析可知（4.3.2小节），压裂施工过程中应尽可能在垂直地层最大主渗透率方向造缝，这样相同规模的缝网能获得更高的产量。

（7）由本章4.3.3和4.3.4小节计算可知，在压裂区体积一定的情况下，增大缝网密度能获得较高的产量。但随着缝网密度的增加，水平井累产增加的幅度降低。在缝网密度一定的情况下，增大压裂区体积能使水平井的产量大大提高。

（8）通过本章4.3.5小节计算可知，在压裂区体积和裂缝总长度相等的情况下，缝网的形状对水平井累产影响较小。

第5章 致密油藏体积压裂水平井多井渗流模型

致密油藏体积压裂"井工厂"技术采用大量标准化技术装备与服务，以生产及装配流水线方式高效实施钻完井作业，最大程度地节省了时间。重复使用相同的设备和材料，大幅度降低了生产成本，迅速成为开发非常规资源的关键技术。但从公开发表的文献而言，有关致密油藏体积压裂水平井多井渗流模型研究的文献很少，也可以说几乎没有。本章在第3章致密油藏体积压裂水平井单井渗流模型的基础上，建立了致密油藏体积压裂水平井多井渗流模型，为"井工厂"技术在现场的进一步应用提供理论依据。

5.1 致密油藏体积压裂水平井多井渗流模型

致密油藏体积压裂"井工厂"中一般由多口水平井组成，这里为了阐述方便假设致密油藏中，存在两口体积压裂水平井（图 5 – 1）。其中，图 5 – 1（a）中两口体积压裂水平井共含有 16 条裂缝，裂缝之间可以任意相交且全部穿透地层，裂缝半长分别为 l_{f1}, l_{f2}, $\cdots$, $l_{fi}(i = 1 \sim 16)$。下面给出图 5 – 1（a）中两口体积压裂水平井渗流模型的详细建立过程，区别于图 5 – 1（a）、图 5 – 1（b）中两口井裂缝网络相交。本章模型也可解决两口井裂缝网络相交的情况，但图 5 – 1（b）中裂缝条数较多求解矩阵较大不便于书写，我们在此以图 5 – 1（a）为例进行详细建模介绍。

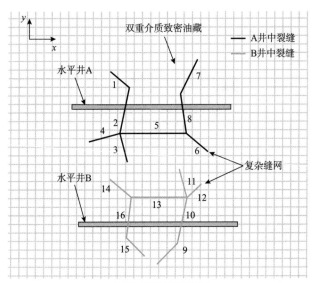

(a) 两井间裂缝网络不相交

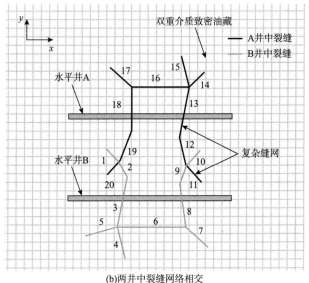

(b) 两井中裂缝网络相交

图 5-1 致密油藏体积压裂"井工厂"示意图

两口体积压裂水平井的渗流过程和单口体积压裂水平井的渗流过程是一样的,都经历四部分流动:①油藏渗流;②复杂缝网内部渗流;③射孔孔眼流动;④水平井筒变质量管流。且每部分渗流方程和第3章介绍的基本一致。与单口压裂水平井渗流模型的主要不同之处在于,两口(或者多口)水平井在建模时,要考虑彼此之间的相互干扰以及相互约束的影响。建模时分清各部分流动模型与特定井的对应关系,这是建模的关键。下面分四部分流动,分别建立两口体积压裂水平井的渗流模型。

5.1.1 两口体积压裂水平井油藏渗流模型研究

在进行计算时,不仅要考虑单口井体积缝网内裂缝间的相互干扰,还应考虑两口压裂水平井之间的相互干扰。由叠加原理知,两口井中任意一条裂缝无因次压降 $\bar{\eta}_{D0i}$ 的表达式为:

$$\bar{\eta}_{D0i} = \sum_{j=1}^{16} \bar{q}_{fDj} \bar{\eta}_{D0i,j} \quad i = 1, 2, \cdots, 16 \quad (5-1)$$

其实,式(5-1)和式(3-10)在本质上是一样的,其中参数的物理含义也一样。

在此先不考虑裂缝的渗流阻力,认为体积缝网中裂缝的压力与相应水平井井底压力相等则:

$$\begin{cases} \bar{\eta}_{D0i} = \bar{\eta}_{wDA} & i = 1, 2, \cdots, 8 \\ \bar{\eta}_{D0i} = \bar{\eta}_{wDB} & i = 9, 10, \cdots, 16 \end{cases} \quad (5-2)$$

式中 $\bar{\eta}_{wAD}$ ——A 井井底无因次压降;

$\bar{\eta}_{wBD}$ ——B 井井底无因次压降。

假设 A 井的产量为 Q_A(m^3/d),B 井的产量为 Q_B(m^3/d)。分别将 A 井、B 井的产量无因次化为:

$$Q_{DA} = \frac{Q_A}{Q_A + Q_B} \quad Q_{DB} = \frac{Q_B}{Q_A + Q_B} \quad (5-3)$$

这里一定要注意，A 井的无因次产量 $Q_{DA} \neq 1$、B 井的无因次产量 $Q_{DB} \neq 1$。两井无因次产量之和为 1 即 $Q_{DA} + Q_{DB} = 1$，这是多口体积压裂水平井油藏渗流模型区别于单口体积压裂井油藏渗流模型的关键点之一。

A 井和 B 井中各裂缝无因次产量之和应满足以下关系：

$$\sum_{i=1}^{8} \bar{q}_{fDi} = \bar{Q}_{DA} \quad (5-4)$$

$$\sum_{i=9}^{16} \bar{q}_{fDi} = \bar{Q}_{DB} \quad (5-5)$$

式（5-1）~式（5-5）写成矩阵方程形式，如式（5-6）所示：

$$\begin{bmatrix} \bar{\eta}_{D01,1} & \bar{\eta}_{D01,2} & \cdots & \bar{\eta}_{D01,8} & \bar{\eta}_{D01,9} & \cdots & \bar{\eta}_{D01,16} & -1 & 0 \\ \bar{\eta}_{D02,1} & \bar{\eta}_{D02,2} & \cdots & \bar{\eta}_{D02,8} & \bar{\eta}_{D02,9} & \cdots & \bar{\eta}_{D02,16} & -1 & 0 \\ \vdots & \vdots & \ddots & \vdots & \vdots & \ddots & \vdots & \vdots & \vdots \\ \bar{\eta}_{D08,1} & \bar{\eta}_{D08,2} & \cdots & \bar{\eta}_{D08,8} & \bar{\eta}_{D08,9} & \cdots & \bar{\eta}_{D08,16} & -1 & 0 \\ \bar{\eta}_{D09,1} & \bar{\eta}_{D09,2} & \cdots & \bar{\eta}_{D09,8} & \bar{\eta}_{D09,9} & \cdots & \bar{\eta}_{D09,16} & 0 & -1 \\ \vdots & \vdots & \ddots & \vdots & \vdots & \ddots & \vdots & \vdots & \vdots \\ \bar{\eta}_{D016,1} & \bar{\eta}_{D016,2} & \cdots & \bar{\eta}_{D016,8} & \bar{\eta}_{D016,9} & \cdots & \bar{\eta}_{D016,16} & 0 & -1 \\ 1 & 1 & \cdots & 1 & 0 & \cdots & 0 & 0 & 0 \\ 0 & 0 & \cdots & 0 & 1 & \cdots & 1 & 0 & 0 \end{bmatrix} \begin{bmatrix} \bar{q}_{fD,1} \\ \bar{q}_{fD,2} \\ \vdots \\ \bar{q}_{fD,8} \\ \bar{q}_{fD,9} \\ \vdots \\ \bar{q}_{fD,16} \\ \bar{\eta}_{wDA} \\ \bar{\eta}_{wDB} \end{bmatrix} = \begin{bmatrix} 0 \\ 0 \\ \vdots \\ 0 \\ 0 \\ \vdots \\ 0 \\ \bar{Q}_{DA} \\ \bar{Q}_{DB} \end{bmatrix}$$

$$(5-6)$$

令：

$$A = \begin{bmatrix} \bar{\eta}_{D01,1} & \bar{\eta}_{D01,2} & \cdots & \bar{\eta}_{D01,8} & \bar{\eta}_{D01,9} & \cdots & \bar{\eta}_{D01,16} \\ \bar{\eta}_{D02,1} & \bar{\eta}_{D02,2} & \cdots & \bar{\eta}_{D02,8} & \bar{\eta}_{D02,9} & \cdots & \bar{\eta}_{D02,16} \\ \vdots & \vdots & \ddots & \vdots & \vdots & \ddots & \vdots \\ \bar{\eta}_{D08,1} & \bar{\eta}_{D08,2} & \cdots & \bar{\eta}_{D08,8} & \bar{\eta}_{D08,9} & \cdots & \bar{\eta}_{D08,16} \\ \bar{\eta}_{D09,1} & \bar{\eta}_{D09,2} & \cdots & \bar{\eta}_{D09,8} & \bar{\eta}_{D09,9} & \cdots & \bar{\eta}_{D09,16} \\ \vdots & \vdots & \ddots & \vdots & \vdots & \ddots & \vdots \\ \bar{\eta}_{D016,1} & \bar{\eta}_{D016,2} & \cdots & \bar{\eta}_{D016,8} & \bar{\eta}_{D016,9} & \cdots & \bar{\eta}_{D016,16} \end{bmatrix} \quad q = \begin{bmatrix} \bar{q}_{fD,1} \\ \bar{q}_{fD,2} \\ \vdots \\ \bar{q}_{fD,16} \end{bmatrix} \quad O = \begin{bmatrix} 0 \\ 0 \\ \vdots \\ 0 \end{bmatrix}_{16 \times 1}$$

$$(5-7)$$

第5章 致密油藏体积压裂水平井多井渗流模型

$$\begin{cases} e = [1\ 1\ 1\ 1\ 1\ 1\ 1\ 1\ 0\ 0\ 0\ 0\ 0\ 0\ 0\ 0] \\ f = [0\ 0\ 0\ 0\ 0\ 0\ 0\ 0\ 1\ 1\ 1\ 1\ 1\ 1\ 1\ 1] \end{cases} \quad (5-8)$$

则式（5-6）写成矩阵向量方程的形式为：

$$\begin{bmatrix} A & -e^T & -f^T \\ e & 0 & 0 \\ f & 0 & 0 \end{bmatrix} \begin{bmatrix} q \\ \bar{\eta}_{wDA} \\ \bar{\eta}_{wDB} \end{bmatrix} = \begin{bmatrix} O \\ \bar{Q}_{DA} \\ \bar{Q}_{DB} \end{bmatrix} \quad (5-9)$$

式（5-6）中有18个未知数包括 $\bar{q}_{fDi}$（$i=1,2,\cdots,16$）以及 $\bar{\eta}_{wDA}$ 和 $\bar{\eta}_{wDB}$，方程组的个数也是18个。所以，方程组是可解的，解法与式（3-13）一样，在此不再重复。

5.1.2 两口体积压裂水平井复杂缝网内渗流模型

两口体积压裂水平井中复杂缝网内部的渗流与单口体积压裂水平井缝网渗流模型处理方法一样。依据本书3.2.2小节中复杂缝网传导率矩阵建立过程，A井复杂缝网的传导率矩阵可以写为：

$$K_A = \begin{bmatrix} -K_{1,2} & K_{1,2} & 0 & 0 & 0 & 0 & 0 & 0 \\ K_{2,1} & -\sum_{k=1,3,4,5}K_{2,k} & K_{2,3} & K_{2,4} & K_{2,5} & 0 & 0 & 0 \\ 0 & K_{3,2} & -\sum_{k=2,4,5}K_{3,k} & K_{3,4} & K_{3,5} & 0 & 0 & 0 \\ 0 & K_{4,2} & K_{4,3} & -\sum_{k=2,3,5}K_{4,k} & K_{4,5} & 0 & 0 & 0 \\ 0 & K_{5,2} & K_{5,3} & K_{5,4} & -\sum_{k=2-4,6,8}K_{5,k} & K_{5,6} & 0 & K_{5,8} \\ 0 & 0 & 0 & 0 & K_{6,5} & -\sum_{k=5,8}K_{6,k} & 0 & K_{6,8} \\ 0 & 0 & 0 & 0 & 0 & 0 & -\sum_{k=8}K_{7,k} & K_{7,8} \\ 0 & 0 & 0 & 0 & K_{8,5} & K_{8,6} & K_{8,7} & -\sum_{k=5}^{7}K_{8,k} \end{bmatrix}$$

$$(5-10)$$

B井中复杂缝网的形态与A井略有区别，但交叉方式一样。则B井中复杂缝网传导率矩阵如式（5-11）所示。

$$K_B = \begin{bmatrix} -K_{9,10} & K_{9,10} & 0 & 0 & 0 & 0 & 0 & 0 \\ K_{10,9} & -\sum_{k=9,11,12,13} K_{10,k} & K_{10,11} & K_{10,12} & K_{10,13} & 0 & 0 & 0 \\ 0 & K_{11,10} & -\sum_{k=10,12,13} K_{11,k} & K_{11,12} & K_{11,13} & 0 & 0 & 0 \\ 0 & K_{12,10} & K_{12,11} & -\sum_{k=10,11,13} K_{12,k} & K_{12,13} & 0 & 0 & 0 \\ 0 & K_{13,10} & K_{13,11} & K_{13,12} & -\sum_{k=10-12,14,16} K_{13,k} & K_{13,14} & 0 & K_{13,16} \\ 0 & 0 & 0 & 0 & K_{14,13} & -\sum_{k=13,16} K_{14,k} & 0 & K_{14,16} \\ 0 & 0 & 0 & 0 & 0 & 0 & -\sum_{k=15,16} K_{15,k} & K_{15,16} \\ 0 & 0 & 0 & 0 & K_{16,13} & K_{16,14} & K_{16,15} & -\sum_{k=13}^{15} K_{16,k} \end{bmatrix}$$

(5 – 11)

由图 5 – 1（a）可知，A 井在裂缝 2、8 处有射孔，B 井在裂缝 10、16 处有射孔。所以可得如下方程：

$$\overline{Q}_{D2} + \overline{Q}_{D8} = \overline{Q}_{DA} \quad (5-12)$$

$$\overline{Q}_{D10} + \overline{Q}_{D16} = \overline{Q}_{DB} \quad (5-13)$$

依据式（3 – 41）的建立过程，基于式（5 – 10）和式（5 – 12）可以写出 A 井缝网内液体渗流方程如式（5 – 14）所示：

$$\begin{bmatrix} K_A & O_2 & O_8 & O \\ \Theta & 1 & 1 & 0 \\ \Theta_2 & 0 & 0 & -1 \\ \Theta_8 & 0 & 0 & -1 \end{bmatrix} \begin{bmatrix} p_A \\ \overline{Q}_{D2} \\ \overline{Q}_{D8} \\ \overline{\eta}_{wDA} \end{bmatrix} = \begin{bmatrix} q_A \\ \overline{Q}_{DA} \\ 0 \\ 0 \end{bmatrix} \quad (5-14)$$

式（5 – 14）中：

$$q_A^T = [\overline{q}_{fD1} \quad \overline{q}_{fD2} \quad \overline{q}_{fD3} \quad \overline{q}_{fD4} \quad \overline{q}_{fD5} \quad \overline{q}_{fD6} \quad \overline{q}_{fD7} \quad \overline{q}_{fD8}] \quad (5-15)$$

$$p_A^T = [\overline{\eta}_{D0,1} \quad \overline{\eta}_{D0,2} \quad \overline{\eta}_{D0,3} \quad \overline{\eta}_{D0,4} \quad \overline{\eta}_{D0,5} \quad \overline{\eta}_{D0,6} \quad \overline{\eta}_{D0,7} \quad \overline{\eta}_{D0,8}]$$

(5 – 16)

$$O_2^T = [0 \quad 1 \quad 0 \quad 0 \quad 0 \quad 0 \quad 0 \quad 0] \quad (5-17)$$

$$O_8^T = [0 \quad 0 \quad 0 \quad 0 \quad 0 \quad 0 \quad 0 \quad 1] \quad (5-18)$$

$$\Theta_2 = [0 \quad 1 \quad 0 \quad 0 \quad 0 \quad 0 \quad 0 \quad 0] \quad (5-19)$$

$$\Theta_8 = [0 \quad 0 \quad 0 \quad 0 \quad 0 \quad 0 \quad 0 \quad 1] \quad (5-20)$$

同理,基于式(5-11)和式(5-13)可以写出 B 井缝网内流体渗流方程:

$$\begin{bmatrix} K_B & O_{10} & O_{16} & O \\ \Theta & 1 & 1 & 0 \\ \Theta_{10} & 0 & 0 & -1 \\ \Theta_{16} & 0 & 0 & -1 \end{bmatrix} \begin{bmatrix} p_B \\ \bar{Q}_{D10} \\ \bar{Q}_{D16} \\ \bar{\eta}_{wDB} \end{bmatrix} = \begin{bmatrix} q_B \\ \bar{Q}_{DB} \\ 0 \\ 0 \end{bmatrix} \quad (5-21)$$

式(5-21)中,向量的具体表达式为:

$$q_B^T = [\bar{q}_{fD9} \quad \bar{q}_{fD10} \quad \bar{q}_{fD11} \quad \bar{q}_{fD12} \quad \bar{q}_{fD13} \quad \bar{q}_{fD14} \quad \bar{q}_{fD15} \quad \bar{q}_{fD16}] \quad (5-22)$$

$$p_B^T = [\bar{\eta}_{D0,9} \quad \bar{\eta}_{D0,10} \quad \bar{\eta}_{D0,11} \quad \bar{\eta}_{D0,12} \quad \bar{\eta}_{D0,13} \quad \bar{\eta}_{D0,14} \quad \bar{\eta}_{D0,15} \quad \bar{\eta}_{D0,16}] \quad (5-23)$$

$$O_{10}^T = [0 \quad 1 \quad 0 \quad 0 \quad 0 \quad 0 \quad 0 \quad 0] \quad (5-24)$$

$$O_{16}^T = [0 \quad 0 \quad 0 \quad 0 \quad 0 \quad 0 \quad 0 \quad 1] \quad (5-25)$$

$$\Theta_{10} = [0 \quad 1 \quad 0 \quad 0 \quad 0 \quad 0 \quad 0 \quad 0] \quad (5-26)$$

$$\Theta_{16} = [0 \quad 0 \quad 0 \quad 0 \quad 0 \quad 0 \quad 0 \quad 1] \quad (5-27)$$

依据该连续性条件(在油藏与裂缝的接触面上压力和流量相等),将式(5-6)、式(5-14)以及式(5-21)耦合在一起得:

$$\begin{bmatrix} A & -I & O & O & O & O & O \\ -I & K & O_2 & O_8 & O_{10} & O_{16} & O \\ \Theta & \Theta & 1 & 1 & 0 & 0 & 0 \\ \Theta & \Theta & 0 & 0 & 1 & 1 & 0 \\ \Theta & \Theta_2 & 0 & 0 & 0 & -1 & 0 \\ \Theta & \Theta_8 & 0 & 0 & 0 & -1 & 0 \\ \Theta & \Theta_{10} & 0 & 0 & 0 & 0 & -1 \\ \Theta & \Theta_{16} & 0 & 0 & 0 & 0 & -1 \end{bmatrix} \begin{bmatrix} q \\ p \\ \bar{Q}_{D2} \\ \bar{Q}_{D8} \\ \bar{Q}_{D10} \\ \bar{Q}_{D16} \\ \bar{\eta}_{wDA} \\ \bar{\eta}_{wDB} \end{bmatrix} = \begin{bmatrix} O \\ O \\ \bar{Q}_{DA} \\ \bar{Q}_{DB} \\ 0 \\ 0 \\ 0 \\ 0 \end{bmatrix}$$

$$(5-28)$$

式（5-28）中，O 代表 16×1 阶 0 向量；Θ 代表 1×16 阶 0 向量；I 代表 16×16 阶单位矩阵。其他向量的详细表达式如下所示：

$$K = \begin{bmatrix} K_A & U \\ U & K_B \end{bmatrix} \quad (5-29)$$

$$O_2^T = [0\ 1\ 0\ 0\ 0\ 0\ 0\ 0\ 0\ 0\ 0\ 0\ 0\ 0\ 0\ 0] \quad (5-30)$$

$$O_8^T = [0\ 0\ 0\ 0\ 0\ 0\ 0\ 1\ 0\ 0\ 0\ 0\ 0\ 0\ 0\ 0] \quad (5-31)$$

$$O_{10}^T = [0\ 0\ 0\ 0\ 0\ 0\ 0\ 0\ 0\ 1\ 0\ 0\ 0\ 0\ 0\ 0] \quad (5-32)$$

$$O_{16}^T = [0\ 0\ 0\ 0\ 0\ 0\ 0\ 0\ 0\ 0\ 0\ 0\ 0\ 0\ 0\ 1] \quad (5-33)$$

$$\Theta_2 = [0\ 1\ 0\ 0\ 0\ 0\ 0\ 0\ 0\ 0\ 0\ 0\ 0\ 0\ 0\ 0] \quad (5-34)$$

$$\Theta_8 = [0\ 0\ 0\ 0\ 0\ 0\ 0\ 1\ 0\ 0\ 0\ 0\ 0\ 0\ 0\ 0] \quad (5-35)$$

$$\Theta_{10} = [0\ 0\ 0\ 0\ 0\ 0\ 0\ 0\ 0\ 1\ 0\ 0\ 0\ 0\ 0\ 0] \quad (5-36)$$

$$\Theta_{16} = [0\ 0\ 0\ 0\ 0\ 0\ 0\ 0\ 0\ 0\ 0\ 0\ 0\ 0\ 0\ 1] \quad (5-37)$$

式（5-29）中，U 代表 8×8 阶 0 向量。

式（5-28）就是既考虑油藏渗流，又考虑缝网内渗流的水平井渗流模型。

5.1.3 两口体积压裂水平井射孔孔眼压降模型

两口压裂水平井射孔孔眼压降模型与 3.3 节单口水平井孔眼压降模型基本一致。图 5-1 中 A 井在裂缝 2 和裂缝 8 处有射孔，B 井在裂缝 10 和裂缝 16 处有射孔。依据式（3-56）得：

$$\bar{\eta}_{wDA} = \bar{\eta}_{D0,2} + R_2 \bar{Q}_{D2} \quad (5-38)$$

$$\bar{\eta}_{wDA} = \bar{\eta}_{D0,8} + R_8 \bar{Q}_{D8} \quad (5-39)$$

$$\bar{\eta}_{wDB} = \bar{\eta}_{D0,10} + R_{10} \bar{Q}_{D10} \quad (5-40)$$

$$\bar{\eta}_{wDB} = \bar{\eta}_{D0,16} + R_{16} \bar{Q}_{D16} \quad (5-41)$$

以上 4 式中参数解释，详见 3.3 小节。

依据射孔孔眼处连续性条件,可将射孔压降方程式(5-38)~式(5-41)耦合到式(5-28)中,写成矩阵方程的形式为:

$$\begin{bmatrix} A & -I & O & O & O & O & O \\ -I & K & O_2 & O_8 & O_{10} & O_{16} & O & O \\ \Theta & \Theta & 1 & 1 & 0 & 0 & 0 & 0 \\ \Theta & \Theta & 0 & 0 & 1 & 1 & 0 & 0 \\ \Theta & \Theta_2 & R_2 & 0 & 0 & 0 & -1 & 0 \\ \Theta & \Theta_8 & 0 & R_8 & 0 & 0 & -1 & 0 \\ \Theta & \Theta_{10} & 0 & 0 & R_{10} & 0 & 0 & -1 \\ \Theta & \Theta_{16} & 0 & 0 & 0 & R_{16} & 0 & -1 \end{bmatrix} \begin{bmatrix} q \\ p \\ \overline{Q}_{D2} \\ \overline{Q}_{D8} \\ \overline{Q}_{D10} \\ \overline{Q}_{D16} \\ \overline{\eta}_{wDA} \\ \overline{\eta}_{wDB} \end{bmatrix} = \begin{bmatrix} O \\ O \\ \overline{Q}_{DA} \\ \overline{Q}_{DB} \\ 0 \\ 0 \\ 0 \\ 0 \end{bmatrix} \quad (5-42)$$

5.1.4 水平井筒变质量管流模型

依据3.4节中相关原理,A井中$\overline{\eta}_{D2}$、$\overline{\eta}_{D8}$以及$\overline{\eta}_{wAD}$的关系式如下所示:

$$\overline{\eta}_{D2} = \overline{\eta}_{D8} + M_8 \overline{Q}_{8D} \quad (5-43)$$

$$\overline{\eta}_{wAD} = \overline{\eta}_{D2} + M_2(\overline{Q}_{D2} + \overline{Q}_{D8}) \quad (5-44)$$

这里需要特别注意的是,$\overline{\eta}_{D2}$与$\overline{\eta}_{D0,2}$并不是一个压力,它们之间相差$R_2\overline{Q}_{D2}$。$\overline{\eta}_{D8}$以及后面的$\overline{\eta}_{D10}$、$\overline{\eta}_{D16}$情况和$\overline{\eta}_{D2}$类似。

同理,B井中$\overline{\eta}_{D10}$、$\overline{\eta}_{D16}$以及$\overline{\eta}_{wDB}$的关系式如下所示:

$$\overline{\eta}_{D10} = \overline{\eta}_{D16} + M_{16} \overline{Q}_{D16} \quad (5-45)$$

$$\overline{\eta}_{wDB} = \overline{\eta}_{D10} + M_{10}(\overline{Q}_{D10} + \overline{Q}_{D16}) \quad (5-46)$$

将管流压降方程式(5-43)~式(5-46)耦合到式(5-42)中,并写成矩阵方程的形式为:

$$\begin{bmatrix} A & -I & 0 & 0 & 0 & 0 & 0 & 0 & 0 & 0 \\ -I & K & O_2 & O_8 & O_{10} & O_{16} & 0 & 0 & 0 & 0 \\ \Theta & \Theta & 1 & 1 & 0 & 0 & 0 & 0 & 0 & 0 \\ \Theta & \Theta & 0 & 0 & 1 & 1 & 0 & 0 & 0 & 0 \\ \Theta & \Theta_2 & R_2 & 0 & 0 & 0 & -1 & 0 & 0 & 0 & 0 \\ \Theta & \Theta_8 & 0 & R_8 & 0 & 0 & 0 & -1 & 0 & 0 & 0 \\ \Theta & \Theta_{10} & 0 & 0 & R_{10} & 0 & 0 & 0 & -1 & 0 & 0 \\ \Theta & \Theta_{16} & 0 & 0 & 0 & R_{16} & 0 & 0 & 0 & -1 & 0 & 0 \\ \Theta & \Theta & M_2 & M_2 & 0 & 0 & 1 & 0 & 0 & 0 & -1 & 0 \\ \Theta & \Theta & 0 & M_8 & 0 & 0 & -1 & 1 & 0 & 0 & 0 & 0 \\ \Theta & \Theta & 0 & 0 & M_{10} & M_{10} & 0 & 0 & 1 & 0 & 0 & -1 \\ \Theta & \Theta & 0 & 0 & 0 & M_{16} & 0 & 0 & -1 & 1 & 0 & 0 \end{bmatrix} \begin{bmatrix} q \\ p \\ \bar{Q}_{D2} \\ \bar{Q}_{D8} \\ \bar{Q}_{D10} \\ \bar{Q}_{D16} \\ \bar{\eta}_{D2} \\ \bar{\eta}_{D8} \\ \bar{\eta}_{D10} \\ \bar{\eta}_{D16} \\ \bar{\eta}_{wDA} \\ \bar{\eta}_{wDB} \end{bmatrix} = \begin{bmatrix} O \\ O \\ \bar{Q}_{DA} \\ \bar{Q}_{DB} \\ 0 \\ 0 \\ 0 \\ 0 \\ 0 \\ 0 \\ 0 \\ 0 \end{bmatrix}$$

(5-47)

式（5-47）即为图5-1（a）中两口体积压裂水平井渗流模型，两口体积压裂水平井中共有16条裂缝，未知数共有42个包括 $\bar{q}_{fDj}$（$j=1,2,\cdots,16$）、$\bar{\eta}_{fDj}$（$j=1,2,\cdots,16$）、$\bar{Q}_{D2}$、$\bar{Q}_{D8}$、$\bar{Q}_{D10}$、$\bar{Q}_{D16}$、$\bar{\eta}_{D2}$、$\bar{\eta}_{D8}$、$\bar{\eta}_{D10}$、$\bar{\eta}_{D16}$ 以及 $\bar{\eta}_{wDA}$、$\bar{\eta}_{wDB}$。矩阵中方程组的个数也是42个。所以，方程组是可解的，由高斯-约旦消元法即可求出未知数在拉氏空间的解。应用Stehfest数值反演，可将未知数在拉氏空间解转化为时空间的解。之后由摄动逆变换式（2-37）求得无因次井底压力，最后由附件A中参数将有关变量有因次化。

以上以两口体积压裂水平井为例，详细介绍了两口水平井的建模过程。多口体积压裂水平井的建模原理和上述过程一样，不再重复叙述。

第5章 致密油藏体积压裂水平井多井渗流模型

5.2 致密油藏多口体积压裂水平井渗流阶段划分

假设致密油藏中有两口体积压裂水平井，两口水平井各项参数都相同，水平井间距为2400m。每口水平井各含有12条裂缝垂直穿透地层，裂缝间相互垂直形成纵横交错的复杂缝网。裂缝的几何尺寸和位置分布如图5-2所示，致密油藏其他基础参数见表5-1。

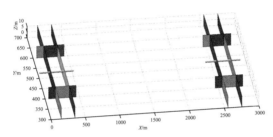

图5-2 致密油藏两口体积压裂水平井示意图

表5-1 致密油藏基础数据汇总

参　数	数　值
油藏厚度/m	10
天然裂缝渗透率/$10^{-3}\mu m^2$	1
人工裂缝渗透率/$10^{-3}\mu m^2$	10^6
地层压力/MPa	20
窜流系数（实数）	10^{-6}
井底流压（定压生产）/MPa	15.5
油藏孔隙度（实数）	0.1
体积系数/（m^3/m^3）	1
原油黏度/mPa·s	1

续表

参 数	数 值
压缩系数/MPa^{-1}	4.35×10^{-4}
储容比（实数）	0.03
产量（定产生产）/（m³/d）	15.9

依据式（5-47）求解图 5-2 中体积压裂水平井的渗流模型，在双对数坐标系中作无因次压降 p_{wD}、无因次压降导数 dp_{wD} 与无因次时间 t_D 的双对数试井曲线如图 5-3 所示。

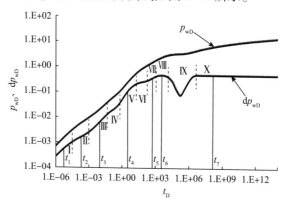

图 5-3 致密油藏体积压裂水平井试井曲线

图 5-3 显示两口水平井的无因次压力曲线重合成一条线，无因次压降导数曲线也重合成一条曲线。这是由于两口水平井参数完全一样，无因次压降（导数）曲线已几乎完全重合（本章后面的计算也存在由于井参数相同，导致两口井的曲线重合成一条线的情况，在此说明避免出现误解）。图 5-3 中，Ⅰ为复杂裂缝内线性流；Ⅱ为地层-人工裂缝双线性流动；Ⅲ为地层线性流；Ⅳ为第一过渡流；Ⅴ为缝网内裂缝相互干扰流动；Ⅵ为第二过渡流；Ⅶ为井间干扰流动；Ⅷ为天然裂缝系统拟径向流；Ⅸ为窜流；Ⅹ为整个

第5章 致密油藏体积压裂水平井多井渗流模型

系统拟径向流。两口水平井渗流阶段比单口水平井多了两个流动阶段，分别为Ⅵ第二过渡流和Ⅶ井间干扰流动（其他渗流阶段的定义和4.1节中相同，在此不再重复）。Ⅵ第二过渡流发生在缝网内裂缝相互干扰流动和井间干扰流动之间，起过渡作用。当两口（多口）水平井间距离较远时，第二过渡流持续时间较长，当两口（多口）水平井间距较近时，第二过渡流消失，直接由缝网内渗流发展成井间相互干扰流动（详见5.3.1小节）。Ⅶ井间干扰流动，此阶段油藏中两口水平井的压力降已波及到对方压裂区域，两口井水平井之间发生了相互干扰[详见下文对图5-4（e）的解释]。

为了更直接观察每个渗流阶段水平井的工作情况，在图5-3七个渗流阶段中各选一个时刻（$t_1 \sim t_7$，共7个时刻）。在3D视图中观察水平井缝网渗流过程（图5-4），3D视图中高度代表裂缝的产量贡献率（这里产量贡献率定义为，每条裂缝的产量与所有水平井总产量的比值，则所有裂缝产量贡献率之和为1）。

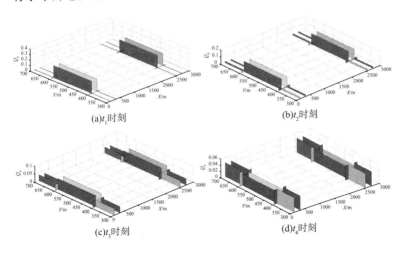

图5-4　各时刻体积压裂水平井每条裂缝产量贡献率

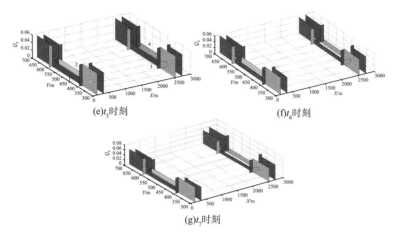

(e)t_5时刻　　(f)t_6时刻

(g)t_7时刻

图 5-4　各时刻体积压裂水平井每条裂缝产量贡献率（续）
（图中裂缝高度代表产量贡献率的大小，裂缝颜色无实际物理意义）

图 5-4（a）~图 5-4（g）直观展示了不同时刻，两口水平井中每条裂缝产量贡献率情况。由于两口井基本参数完全一致，且生产压差也一样。所以，两口体积压裂水平井中对应位置每条裂缝的产量贡献率也一致。t_1 时刻油井刚开始生产，两口水平井的产量大部分是由与水平井接触的两条裂缝贡献，其他裂缝的贡献率几乎为 0。随着开发的进行，水平井中其他裂缝的贡献率逐渐增大（t_2、t_3 时刻）。t_4 时刻位于缝网内裂缝相互干扰流动阶段，针对于单口水平井而言，缝网外部裂缝的贡献率高于缝网内部裂缝贡献率。两口水平井对称位置的裂缝产量贡献率完全相等。t_5 处于两口水平井井间干扰流动阶段，由于井间干扰的影响处于两井中间的裂缝，如裂缝 2 和裂缝 3 产量贡献率要小于裂缝 1 和裂缝 4 的产量贡献率 [图 5-4（e）]。随着生产的进行，t_6、t_7 时刻该现象更为明显 [图 5-4（f）~图 5-4（g）]。

5.3 致密油藏体积压裂水平井多井渗流模型计算分析

5.3.1 水平井井间距敏感性分析

上述计算中井间距离为2400m，当井间距离为1400m、500m时无因次压降曲线和累产曲线如图5-5和图5-6所示（由于在同一油藏条件下，两口井的无因次压降曲线和累产曲线是完全一致的。所以在本小节分析中，只对不同井间距时A井的数据作对比分析。B井的生产数据和A井的生产数据完全一致）。

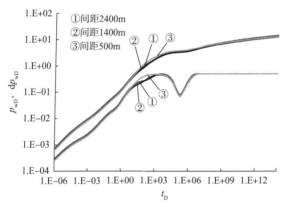

图5-5 井间距对水平井无因次压降敏感性分析

由图5-5可知，水平井井间距离对第二过渡流动阶段以及井间相互干扰阶段有较大影响，对其他渗流阶段几乎没有影响。水平井间距越小，第二过渡流动阶段持续时间越短，当水平井间距为500m时，第二过渡流动阶段消失，直接进入井间干扰流动阶段。由图5-6可知，水平井间距越大，水平井的累产越高，但随着间距的增大，产量增加的幅度减少。

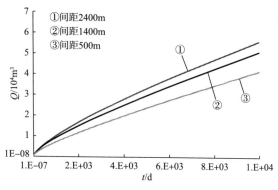

图 5-6　井间距对水平井累产敏感性分析

5.3.2　缝网渗透率敏感性分析

A 井缝网的渗透率不变，当 B 井缝网整体渗透率分别为 $10^7 \times 10^{-3} \mu m^2$、$10^4 \times 10^{-3} \mu m^2$、$10^3 \times 10^{-3} \mu m^2$ 时，两水平井的无因次压降曲线及累产曲线变化如图 5-7~图 5-12 所示（致密油藏基础数据与表 5-1 相同）。

1) B 井缝网渗透率为 $10^7 \times 10^{-3} \mu m^2$

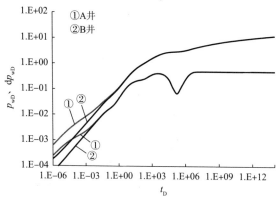

图 5-7　体积压裂水平井无因次压降曲线

第5章 致密油藏体积压裂水平井多井渗流模型

由图 5-7 可知，两口水平井的渗流规律在开发前期存在较大差别。由于 B 井中裂缝的渗透率较大，导致 B 井中无裂缝内线性流以及双线性流（或者可以表述为这两个流动阶段在一瞬间就结束了），而在 A 井中仍存在上述两个流动阶段。

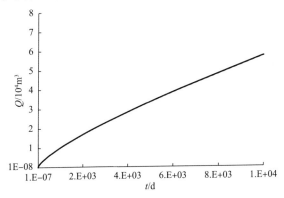

图 5-8　体积压裂水平井累产曲线

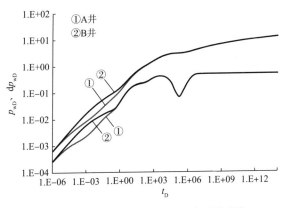

图 5-9　体积压裂水平井无因次压降曲线

由图 5-8 可知，虽然两口井缝网渗透率有较大差别，但两口井的累产几乎完全重合。这说明 A 井缝网的渗透率已足够高，

B井缝网渗透率的增加虽对水平井前期渗流规律有些影响（图5-7），但对水平井产量的增加几乎没有影响。

2）B井渗透率为 $10^4 \times 10^{-3} \mu m^2$

由图5-9可知，两井在双线性流以及地层线性流阶段有较大差别。A井中存在双线性流以及地层线性流，B井由于缝网渗透率较低，裂缝中线性流持续时间较长。推迟了双线性流的出现时间，完全掩盖了地层线性流阶段。

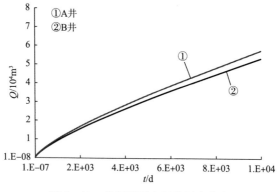

图5-10 体积压裂水平井累产曲线

由图5-10可知，由于缝网渗透率的影响，B井累产小于A井的累产。结合本章5.3.1小节计算结果可知，缝网渗透率存在一个最优值。高于该值对水平井的产量影响不大反而增加了施工成本，低于该值对水平井的产量有明显影响。

3）B井渗透率为 $10^3 \times 10^{-3} \mu m^2$

由图5-11可知，B井中裂缝内线性流持续时间继续增加。双线性流以及地层线性流已被完全掩盖，由裂缝线性流直接过渡到缝网内相互干扰流动阶段。

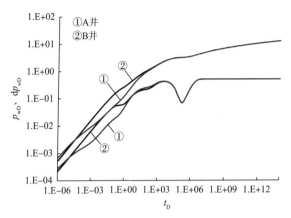

图 5 - 11　体积压裂水平井无因次压降曲线

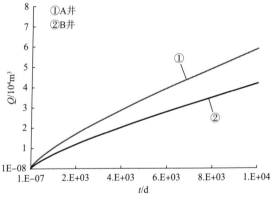

图 5 - 12　体积压裂水平井累产曲线

由图 5 - 12 可知，B 井累产显著低于 A 井，说明 B 井的压裂增产效果较差。

5.3.3　多口体积压裂水平井计算分析

当致密油藏中存在四口参数相同的体积压裂水平井时（图

5-13），各口井无因次压降和产量的变化如图 5-14 和图 5-15 所示。

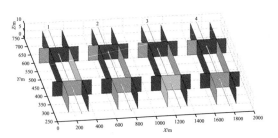

图 5-13　多口体积压裂水平井示意图

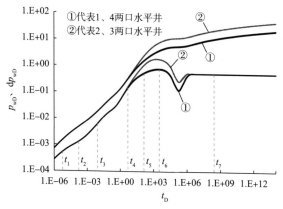

图 5-14　体积压裂水平井无因次压降曲线

处于对称位置的水平井无因次压降曲线完全相同，其中 1 号和 4 号水平井压降曲线一致，2 号和 3 号水平井压降曲线一致。由于 2 号和 3 号水平井处于中间位置，两口水平井受到的干扰较 1 号和 4 号水平井严重。导致 2 号和 3 号水平井无因次压降曲线在井间干扰流动阶段高于 1 号和 4 号井。

第5章 致密油藏体积压裂水平井多井渗流模型

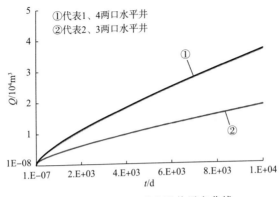

图 5-15 体积压裂水平井累产曲线

同样由于对称关系 1 号井和 4 号井累产相同，2 号井和 3 号井累产相同。由于 2 号和 3 号水平井处于中间位置受井间干扰最为严重，导致它们的累产显著小于处于端部的 1 号和 4 号水平井。所以，在现场施工作业时，要注意保持一定的井间距离。图 5-16 为图 5-14 中 7 个时刻每条裂缝产量贡献率，其反映的意义和本章 5.2 中基本一致，在此仅将其展出不做过多的重复分析。

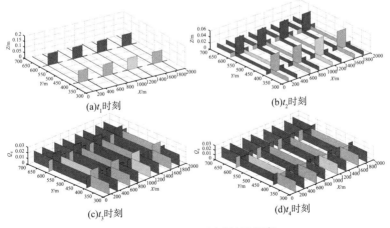

图 5-16 不同时刻裂缝贡献率

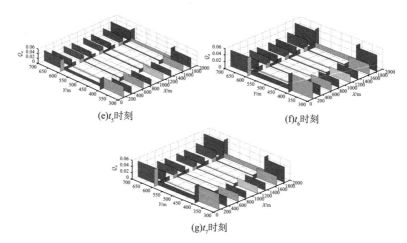

(e)t_5时刻　　(f)t_6时刻

(g)t_7时刻

图 5-16　不同时刻裂缝贡献率（续）
（图中裂缝高度代表产量贡献率的大小，裂缝颜色无实际物理意义）

5.3.4　两口不规则缝网水平井计算分析

如图 5-17 所示为两口不规则体积压裂水平井，裂缝之间可以任意相交，且两口井中复杂缝网也可任意相交。缝网的几何尺寸和位置如下图所示，其他基础参数参见表 5-1。

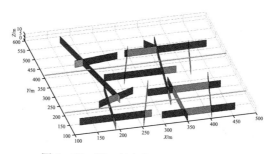

图 5-17　两口复杂缝网水平井结构图

第5章 致密油藏体积压裂水平井多井渗流模型

如图 5-18 所示为两口水平井无因次压降曲线只是在开发前期有一定区别，前期 B 井压降值大于 A 井，说明相同产量下 B 井渗流阻力较高。所以，A 井的累产要高于 B 井累产（图 5-19），图 5-20 展示了两口体积压裂水平井中每条裂缝产量贡献率的变化。图 5-20 反映的意义和本章 5.2 中基本一致，在此不做过多的重复分析。

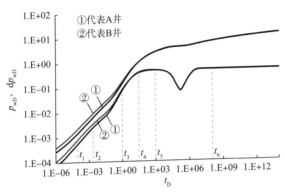

图 5-18 体积压裂水平井无因次压降曲线

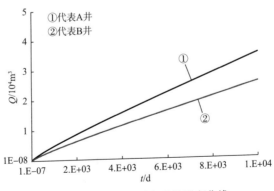

图 5-19 体积压裂水平井累产曲线

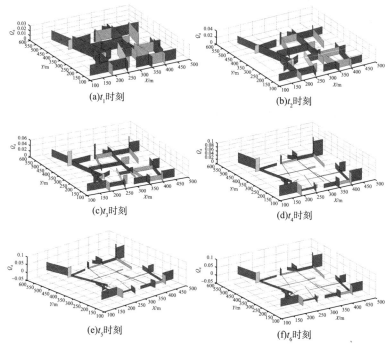

图 5-20 不同时刻裂缝贡献率
（图中裂缝高度代表产量贡献率的大小，裂缝颜色无实际物理意义）

其他关键性参数如地层储容比、窜流系数以及应力敏感，它们对多口体积压裂水平井生产的影响与第 4 章中单口体积压裂水平井基本相同。为了本书整体的简洁性，将其放在了附件 C 中。

5.4 小结

本章考虑了体积压裂水平井井间干扰，建立了致密油藏体积压裂水平井多井半解析渗流模型，在研究过程中得出了以下认识和结论：

第5章 致密油藏体积压裂水平井多井渗流模型

（1）考虑水平井间相互干扰，分别构建了两口体积压裂水平井的油藏渗流模型、复杂缝网渗流模型、射孔压降以及水平井筒变质量管流压降模型。由各部分接触面处压力和流量相等的连续性条件，耦合以上四部分渗流方程得到了致密油藏体积压裂水平井多井渗流模型。

（2）首次划分了致密油藏多口体积压裂水平井渗流阶段，共分为十个流动过程：Ⅰ为复杂裂缝内线性流；Ⅱ为地层-人工裂缝双线性流动；Ⅲ为地层线性流；Ⅳ为第一过渡流；Ⅴ为缝网内裂缝相互干扰流动；Ⅵ为第二过渡流；Ⅶ为井间干扰流动；Ⅷ为天然裂缝系统拟径向流；Ⅸ为窜流；Ⅹ为整个系统拟径向流。

（3）应用所建模型对关键参数进行了敏感性分析。发现水平井的间距主要影响水平井井间干扰流动，间距越小水平井间相互干扰越严重，水平井产量越低。

（4）缝网整体渗透率主要影响水平井前期渗流规律，缝网渗透率越低，裂缝内线性流持续时间越长，水平井累产越低。缝网渗透率越高，地层内线性流持续时间越长，水平井累产越高。但当渗透率大于某值时，渗透率的增大对水平井产量的提高不再有明显影响。

（5）对多口体积压裂水平井进行了计算，分析结果表明，当水平井参数相同时，处于对称位置的井渗流规律和累产相同。处于多井中间位置的水平井，受到的井间干扰最严重。导致水平井累产明显小于处于端部的水平井，所以在现场布置井位时，一定要注意保持合适的井间距。

参 考 文 献

[1] Barenblatt, G. L, Zheltov, Iu. P., and Kochina, I. N. Basic Concepts in the Theory of Seepage of Homogeneous Liquids in Fissured Rocks [J]. PMM, 1960, 24 (5): 852 –864.
[2] Warren J E, Root P J. The Behavior of Naturally FracturedReservoirs [J]. Society of Petroleum Engineers Journal, 1963, 3 (3): 245 –255.
[3] Kazemi H, Seth M S, Thomas G W. The Interpretation of Interference Tests in Naturally Fractured Reservoirs with Uniform FractureDistribution [J]. Society of Petroleum Engineers Journal, 1969, 9 (4): 463 –472.
[4] A. de SWAAN O. Analytic Solutions for Determining Naturally Fractured Reservoir Properties by Well Testing [J]. Society of Petroleum Engineers Journal, 1976, 16 (3): 117 –122.
[5] Bourdet D. Pressure Behavior of Layered Reservoirs WithCrossflow [J]. Society of Petroleum Engineers Journal, 1985, 8, 405 –412.
[6] Abdassah D, Ershaghi I. Triple-Porosity Systems for Representing Naturally FracturedReservoirs [J]. Spe Formation Evaluation, 1986, 1 (2): 113 –127.
[7] Chang Mingming. Analytical Solutions to Single and Two Phase Flow Problems of Naturally Fractured Reservoirs [D]. The University of Tulsa, 1995.
[8] Abdullah A G, Iraj E, Abdullah A G, et al. Pressure Transient Analysis of Dually Fractured Reservoirs [J]. Spe Journal, 1996, 1 (1): 93 –100.
[9] Wu Y S, Liu H H, Bodvarsson G S. A triple-continuum approach for modeling flow and transport processes in fractured rock [J]. Journal of

Contaminant Hydrology, 2004, 73 (1): 145-179.

[10] Kazemi, H., Dilman, J. R., Elsharkawy, A. E. Analytical and numerical solution of oil recovery from fractured reservoirs with empirical transfer functions [J]. SPE Reservoir Engineering, 1992, 5: 219-227.

[11] Liu, H. H., Doughty, C., Bodvarsson, G. S. An active fracture model for unsaturated flow and transport in fractured rocks [J]. Water Resources Research, 1998, 34: 2633-2646.

[12] Closmann, Closmann. Aquifer model for fissured reservoirs [J]. Society of Petroleum Engineers Journal, 1975, 15 (05): 385-398.

[13] Doughty C. Investigation of conceptual and numerical approaches for evaluating moisture, gas, chemical, and heat transport in fractured unsaturated rock [J]. Journal of Contaminant Hydrology, 1999, 38 (3): 69-106.

[14] Mclaren R G, Forsyth P A, Sudicky E A, et al. Flow and transport in fractured tuff at Yucca Mountain: numerical experiments on fast preferential flow mechanisms [J]. Journal of Contaminant Hydrology, 2000, 43 (3): 211-238.

[15] Pollock, David W. Simulation of fluid flow and energy transport processes associated with high-level radioactive waste disposal in unsaturated alluvium [J]. Water Resources Research, 1986, 22 (5): 765-775.

[16] Pruess K, Narasimhan T N. Practical method for modeling fluid and heat flow in fractured porous media [J]. Society of Petroleum Engineers Journal, 1985, 25 (1): 14-26.

[17] Tsang Y W, Pruess K. A study of thermally induced convection near a high-level nuclear waste repository in partially saturated fracturedtuff [J]. Water Resources Research, 1987, 23 (10): 1958-1966.

[18] Wu Y S, Pruess K. A Multiple-Porosity Method for Simulation of Naturally Fractured Petroleum Reservoirs [J]. Spe Reservoir Engineering, 1988, 3 (1): 327-336.

[19] Bai M, Elsworth D, Roegiers J. Multiporosity/multipermeability approach

to the simulation of naturally fractured reservoirs [J]. Water Resources Research, 1993, 29 (6): 1621 – 1633.

[20] Fatt I, Davis D H. Reduction in Permeability With Overburden Pressure [J]. Society of Petroleum Engineers, 1952, 19 (5): 329.

[21] Ali H S, Al-Marhoun M A, Abu-Khamsin S A, et al. The Effect of Overburden Pressure on Relative Permeability [J]. Journal of Petroleum Technology, 1953, 5 (12): 15 – 16.

[22] Mclatchie A S, Hemstock R A, Young J W. The Effective Compressibility of Reservoir Rock and Its Effects on Permeability [J]. Journal of Petroleum Technology, 1958, 10 (6): 49 – 51.

[23] Gray D H, Fatt I. The Effect of Stress on Permeability of Sandstone Cores [J]. Society of Petroleum Engineers Journal, 1963, 3 (2): 95 – 100.

[24] Bruce G H, Peaceman D W, Jr H H R, et al. Calculation of Unsteady-State Gas Flow Through PorousMedia [J]. Journal of Petroleum Technology, 1953, 5 (3): 79 – 92.

[25] Vairogs J, Hearn C L, Dareing D W, et al. Effect of Rock Stress on Gas Production From Low – Permeability Reservoirs [J]. Journal of Petroleum Technology, 1971, 23 (9): 1161 – 1167.

[26] Vairogs J, Rhoades V W. Pressure Transient Tests in Formations Having Stress-Sensitive Permeability [J]. Journal of Petroleum Technology, 1973, 25 (8): 965 – 970.

[27] Raghavan R, Scorer J D T, Miller F G. An Investigation by Numerical Methods of the Effect of Pressure-Dependent Rock and Fluid Properties on Well Flow Tests [J]. Society of Petroleum Engineers Journal, 1972, 12 (3): 267 – 275.

[28] Pedrosa O A, Pedrosa O A. Pressure Transient Response in Stress-Sensitive Formations [C]. Spe California Regional Meeting, 1986, 203 – 210.

[29] Zhang L H, Guo J J, Liu Q G. A New Well Test Model For Stress-Sensitive and Radially Heterogeneous Dual-Porosity Reservoirs With Non-Uniform Thicknesses [J]. Journal of Hydrodynamics, 2011, 23 (6): 759 – 766.

[30] Chin L Y, Raghavan R, Thomas L K, et al. Fully Coupled Geomechanics and Fluid-Flow Analysis of Wells With Stress-Dependent Permeability [J]. Spe Journal, 2013, 5 (1): 32 – 45.

[31] Ali T A. Evaluation Of The Effect Of Stress-dependent Permeability On Production Performance in Shale Gas Reservoirs [C]. SPE Eastern Region conference. 2015: 203 – 208.

[32] Guo X, Li Y, Du Z, et al. Numerical Modelling for Simulating Coupled Flow in Stess-Sensitive Gas Reservoirs [C]. Canadian International Petroleum Conference, 2005: 1 – 8.

[33] Zakaria A, Elbanbi A, Abdelwaly A, et al. A Fully Coupled Geomechanics and Fluid Flow Model for Well Performance Modeling in Stress-dependent Gas Reservoirs [J]. Society of Petroleum Engineers, 2011, 5: 33 – 42.

[34] Wang S, Ma M, Ding W, et al. Approximate Analytical-Pressure Studies on Dual-Porosity Reservoirs With Stress-Sensitive Permeability [J]. Spe Reservoir Evaluation & Engineering, 2015, 34: 523 – 533.

[35] Chaobal A N, Rangel-German E R, Kovscek A R. Experimental Determination of Time-Dependent Matrix-Fracture Shape Factors for Different Geometries and Fracture Filling Regimes [J]. Tetrahedron, 2004, 61 (49): 11672 – 11678.

[36] Valko, P. and Economides, M. J. Hydraulic Fracture Mechanics [M]. John Wiley, New York, 1995.

[37] Prats M. Effect of Vertical Fractures on Reservoir Behavior-Incompressible Fluid Case [J]. Society of Petroleum Engineers, 1961: 105 – 118.

[38] Russell D G, Truitt N E. Transient Pressure Behavior in Vertically Fractured Reservoirs [J]. Journal of Petroleum Technology, 1964, 16 (10): 1159 – 1170.

[39] Wattenbarger R, Jr H R. Well Test Interpretation of Vertically Fractured Gas Wells [J]. Journal of Petroleum Technology, 1969, 21 (5): 625 – 632.

[40] Gringarten A C, Raghavan R. Unsteady-State Pressure Distributions Created

by a Well With a Single Infinite-Conductivity Vertical Fracture [J]. Society of Petroleum Engineers Journal, 1974, 14 (4): 413 - 426.

[41] Gringarten, A. Reservoir Limit Testing for Fractured Well [J]. Society of Petroleum Engineers Journal, 1978, 13: 34 - 42.

[42] Cinco H L, F. S V, N. D A. Transient Pressure Behavior for a Well With a Finite-Conductivity Vertical Fracture [J]. Society of Petroleum Engineers Journal, 1978, 18 (4): 253 - 264.

[43] Gringarten A C, Jr H J R. The Use of Source and Green's Functions in Solving Unsteady-Flow Problems in Reservoirs [J]. Society of Petroleum Engineers Journal, 1973, 13 (5): 285 - 296.

[44] Cinco-Ley H. Transient Pressure Analysis for Fractured Wells [J]. Journal of Petroleum Technology, 1981, 33 (9): 1749 - 1766.

[45] Agarwal R G, Carter R D, Pollock C B. Evaluation and Performance Prediction of Low-Permeability Gas Wells Stimulated by Massive Hydraulic Fracturing [J]. Journal of Petroleum Technology, 1979, 31 (3): 362 - 372.

[46] Giger F M, Reiss L H, Jourdan A P, et al. The Reservoir Engineering Aspects of Horizontal Drilling [J]. Society of Petroleum Engineers, 1984, 5: 222 - 227.

[47] Soliman, M. Y., Hunt, J. L., & El Rabaa, A. M. Fracturing Aspects of Horizontal Wells. Society of Petroleum Engineers, 1990, 12: 966 - 973.

[48] Guo G, Evans R D. Pressure-Transient Behavior and Inflow Performance of Horizontal Wells Intersecting Discrete Fractures [J], Society of Petroleum Engineers, 1993, 24: 307 - 320.

[49] Guo G, Evans R D. Inflow Performance of a Horizontal Well Intersecting Natural Fractures [J]. Reservoir Engineering, 1993: 851 - 865.

[50] Guo G, Evans R. A Systematic Methodology for Production Modelling of Naturally Fractured Reservoirs Intersected by Horizontal Wells [J]. 1994, 6: 77 - 87.

[51] Kuchuk F J, Habusky T M. Pressure Behavior of Horizontal Wells with

Multiple Fractures [J]. Society of Petroleum Engineers, 1994, 12: 34-39.

[52] Cinco-Ley H, Meng H Z. Pressure Transient Analysis of Wells With Finite Conductivity Vertical Fractures in Double Porosity Reservoirs [J]. 1988, 16: 645-660.

[53] Cinco H, Miller F G. Unsteady-State Pressure Distribution Created By a Directionally Drilled Well [J]. Journal of Petroleum Technology, 1975, 27 (11): 1392-1400.

[54] Ozkan E, Raghavan R. New solutions for well-test analysis problems. Part 1; Analytical considerations [J]. Spe Formation Evaluation, 1991, 6 (3): 359-368.

[55] Ozkan E, Raghavan R, Raghavan R. New Solutions for Well-Test-Analysis Problems: Part 2 Computational Considerations and Applications [J]. Spe Formation Evaluation, 1991, 6 (3): 369-378.

[56] Ozkan E. New Solutions for Well-Test-Analysis Problems: Part III-Additional Algorithms [J]. Spe Formation Evaluation, 1991, 6 (3): 379-388.

[57] Raghavan R S, Chen C C, Bijan A. An Analysis of Horizontal Wells Intercepted by Multiple Fractures [J]. Spe Journal, 1997, 2 (3): 235-245.

[58] Horne R N, Temeng K O. Relative Productivities and Pressure Transient Modeling of Horizontal Wells with Multiple Fractures [J]. Middle East Oil Show, 1995, 96: 363-367.

[59] A. Zerzar. Interpretation of Multiple Hydraulically Fractured Horizontal Wells. M. S Thesis, University of Oklahoma, 2003.

[60] Zerzar A, Tiab D, Bettam Y, et al. Interpretation of Multiple Hydraulically Fractured Horizontal Wells [J]. 2004, 12: 112-119.

[61] Valko P P, Amini S. The Method of Distributed Volumetric Sources for Calculating the Transient and Pseudosteady-State Productivity of Complex Well-Fracture Configurations [J]. Paper Spe, 2007, 23: 546-554.

[62] Zhang Y, Porcu M, Ehlig-Economides C, et al. Comprehensive Model for

Flow Behavior of High-Performance Fracture Completions [J]. Spe Production & Operations, 2010, 25 (4): 484 – 497.

[63] Bello R O. Rate transient analysis in shale gas reservoirs with transient linearbehavior [D]. Gradworks, 2009.

[64] El-Banbi A, Wattenbarger R. Analysis of Linear Flow in Gas Well Production [J]. Spe Gas Technology Symposium, 1998, 34: 145 – 156.

[65] 廉培庆, 同登科, 程林松, 等. 垂直压裂水平井非稳态条件下的产能分析 [J]. 中国石油大学学报自然科学版, 2009, 33 (4): 98 – 102.

[66] 孙海, 姚军, 廉培庆, 等. 考虑基岩向井筒供液的压裂水平井非稳态模型 [J]. 石油学报, 2012, 33 (1): 117 – 122.

[67] 柳毓松, 廉培庆, 同登科, 等. 利用遗传算法进行水平井水平段长度优化设计 [J]. 石油学报, 2008, 29 (2): 296 – 299.

[68] 李松泉, 廉培庆, 李秀生. 水平井井筒和气藏耦合的非稳态模型 [J]. 西南石油大学学报 (自然科学版), 2009, 31 (1): 53 – 57.

[69] 廉培庆, 程林松, 曹仁义, 等. 低渗透油藏压裂水平井井筒与油藏耦合的非稳态模型 [J]. 计算物理, 2010, 27 (2): 203 – 210.

[70] 黄诚, 陈伟, 段永刚, 等. 井筒与油藏耦合条件下的水平井非稳态产能预测 (Ⅱ) ——计算模型 [J]. 西南石油大学学报 (自然科学版), 2004, 26 (1): 26 – 28.

[71] Fisher M, Wright C, Davidson B, et al. Integrating Fracture Mapping Technologies To Improve Stimulations in the Barnett Shale [J]. Spe Production & Facilities, 2013, 20 (2): 85 – 93.

[72] Fisher M, Wright C, Davidson B, et al. Integrating Fracture Mapping Technologies To Improve Stimulations in the Barnett Shale [J]. Spe Production & Facilities, 2004, 20 (2): 85 – 93.

[73] Mayerhofer M J, Lolon E P, Youngblood J E, et al. Integration of Microseismic Fracture Mapping Results With Numerical Fracture Network Production Modeling in the Barnett Shale [J]. Society of Petroleum Engineers, 2006, 3: 110 – 118.

[74] Mayerhofer M J, Lolon E, Warpinski N R, et al. What Is Stimulated

Reservoir Volume? [J]. Spe Production & Operations, 2008, 25 (1): 89 - 98.

[75] Albright J, Pearson C. Acoustic Emissions as a Tool for Hydraulic Fracture Location: Experience at the Fenton Hill Hot Dry Rock Site [J]. Society of Petroleum Engineers Journal, 1982, 22 (4): 523 - 530.

[76] Warpinski N R, Wolhart S L, Wright C A, et al. Analysis and Prediction of Microseismicity Induced by Hydraulic Fracturin [J]. Spe Journal, 2004, 9 (1): 24 - 33.

[77] Rutledge J T, Phillips W S. Hydraulic stimulation of natural fractures as revealed by induced micro-earthquakes, Carthage Cotton Valley gas field, east Texas [J]. Geophysics, 2003, 68 (2): 441 - 452.

[78] Dahi-Taleghani A, Olson J E. Numerical Modeling of Multi-Stranded Hydraulic Fracture Propagation: Accounting for the Interaction Between Induced and Natural Fractures [J]. Spe Journal, 2011, 16 (3): 575 - 581.

[79] Chacon A, Tiab D, Chacon A, et al. Effects of Stress on Fracture Properties of Naturally Fractured Reservoirs [J]. Spe Journal, 2007, 12 (2): 432 - 443.

[80] King G E. Thirty Years of Gas Shale Fracturing: What Have We Learned? [J] Society of Petroleum Engineers. 2010, 3: 76 - 88.

[81] Rickman R, Mullen M J, Petre J E, et al. A Practical Use of Shale Petrophysics for Stimulation Design Optimization: All Shale Plays Are Not Clones of the Barnett Shale [C]. Spe Technical Conference and Exhibition. Society of Petroleum Engineers, 2008.

[82] 王文东, 赵广渊, 苏玉亮, 等. 致密油藏体积压裂技术应用 [J]. 新疆石油地质, 2013, 34 (3): 345 - 348.

[83] 陈作, 薛承瑾, 蒋廷学, 等. 页岩气井体积压裂技术在我国的应用建议 [J]. 天然气工业, 2010, 30 (10): 30 - 32.

[84] Ozkan E, Brown M L, Raghavan R S, et al. Comparison of Fractured Horizontal-Well Performance in Conventional and Unconventional Reservoirs

[J]. Dermatologic Surgery, 2009, 27 (8): 803-810.

[85] Brown M L, Ozkan E, Raghavan R S, et al. Practical Solutions for Pressure-Transient Responses of Fractured Horizontal Wells in Unconventional Shale Reservoirs [J]. Spe Reservoir Evaluation & Engineering, 2011, 14 (6): 663-676.

[86] Ahmadi H A, Almarzooq A, Wattenbarger R. Application of Linear Flow Analysis to Shale Gas Wells Field Cases [J]. Society of Petroleum Engineers, 2010, 7: 211-219.

[87] Al-Ahmadi H A, Wattenbarger R A. Triple-porosity Models: One Further Step Towards Capturing Fractured Reservoirs Heterogeneity [J]. Society of Petroleum Engineers, 2011, 7: 21-32.

[88] Siddiqui S K, Ali A, Dehghanpour H. New Advances in Production Data Analysis of Hydraulically Fractured Tight Reservoirs [J]. Society of Petroleum Engineers, 2012, 49 (5): 369-372.

[89] Stalgorova E, Mattar L. Practical Analytical Model To Simulate Production of Horizontal Wells With Branch Fractures [J]. Society of Petroleum Engineers, 2012, 23 (1): 322-332.

[90] Stalgorova E, Mattar L. Analytical Model for History Matching and Forecasting Production in Multifrac Composite Systems[J]. Society of Petroleum Engineers, 2012, 23 (1): 333-341.

[91] Tian L, Xiao C, Liu M, et al. Well testing model for multi-fractured horizontal well for shale gas reservoirs with consideration of dual diffusion inmatrix [J]. Journal of Natural Gas Science & Engineering, 2014, 21 (21): 283-295.

[92] Zhao Y L, Zhang L H, Luo J X, et al. Performance of fractured horizontal well with stimulated reservoir volume in unconventional gasreservoir [J]. Journal of Hydrology, 2014, 512 (10): 447-456.

[93] Sureshjani M H, Clarkson C R. Transient linear flow analysis of constant-pressure wells with finite conductivity hydraulic fractures in tight/shale reservoirs [J]. Journal of Petroleum Science & Engineering, 2015, 133

(3): 455-466.
[94] Zhou W. Semi-Analytical Production Simulation of Complex Hydraulic Fracture Network [J]. Spe Jounal, 2012, 21: 110-122.
[95] Wang W, Su Y, Sheng G, et al. A mathematical model considering complex fractures and fractal flow for pressure transient analysis of fractured horizontal wells in unconventional reservoirs [J]. Journal of Natural Gas Science & Engineering, 2015, 23: 139-147.
[96] Luo W, Tang C. Pressure-Transient Analysis of Multiwing Fractures Connected to a Vertical Wellbore [J]. Spe Journal, 2015, 20(2): 360-367.
[97] Sheng G, Su Y, Wang W, et al. A multiple porosity media model for multi-fractured horizontal wells in shale gas reservoirs [J]. Journal of Natural Gas Science & Engineering, 2015, 27: 1562-1573.
[98] Chen Z, Liao X, Zhao X, et al. A Semianalytical Approach for Obtaining Type Curves of Multiple-Fractured Horizontal Wells With Secondary-Fracture Networks [J]. Spe Journal, 2016, 21(2): 1-11.
[99] Jia P, Cheng L, Huang S, et al. Transient behavior of complex fracture networks [J]. Journal of Petroleum Science & Engineering, 2015, 132: 1-17.
[100] Cipolla C L, Lolon E, Mayerhofer M J. Reservoir Modeling and Production Evaluation in Shale-Gas Reservoirs [J]. Spe Journal, 2015, 21(3): 21-31.
[101] Cipolla C, Fitzpatrick T, Williams M, et al. Seismic-to-Simulation for Unconventional Reservoir Development [J]. Spe Journal, 2016, 21(2): 33-39.
[102] Du C M, Zhang X, Zhan L, et al. Modeling Hydraulic Fracturing Induced Fracture Networks in Shale Gas Reservoirs as a Dual Porosity System [J]. Journal of Natural Gas Science & Engineering, 2015, 22: 862-873.
[103] 糜利栋, 姜汉桥, 李涛, 等. 基于离散裂缝模型的页岩气动态特征分析 [J]. 中国石油大学学报自然科学版, 2015(3): 126-131.

[104] 方文超, 姜汉桥, 李俊键, 等. 致密储集层跨尺度耦合渗流数值模拟模型 [J]. 石油勘探与开发, 2017, (03): 1-8.

[105] 陈平, 刘阳, 马天寿. 页岩气"井工厂"钻井技术现状及展望 [J]. 石油钻探技术, 2014 (3): 1-7.

[106] 赵文彬. 大牛地气田 DP43 水平井组的井工厂钻井实践 [J]. 天然气工业, 2013, 33 (6): 60-65.

[107] 刘社明, 张明禄, 陈志勇, 等. 苏里格南合作区工厂化钻完井作业实践 [J]. 天然气工业, 2013, 33 (8): 64-69.

[108] Meyer B R, Bazan L W. A Discrete Fracture Network Model for Hydraulically Induced Fractures-Theory, Parametric and Case Studies [J]. Society of Petroleum Engineers, 2011, 21: 65-74.

[109] Wu K, Wu K. Simultaneous Multi-Frac Treatments: Fully Coupled Fluid Flow and Fracture Mechanics for Horizontal Wells [J]. Spe Journal, 2013, 20 (2): 337-346.

[110] Wong S W, Geilikman M, Xu G. The Geomechanical Interaction of Multiple Hydraulic Fractures in Horizontal Wells [J]. China Ocean Engineering, 2013, 29 (2): 223-240.

[111] Kresse O, Wu R, Weng X, et al. Modeling of Interaction of Hydraulic Fractures in Complex Fracture Networks [J]. Society of Petroleum Engineers, 2011, 23: 22-34.

[112] 李小刚, 罗丹, 李宇, 等. 同步压裂缝网形成机理研究进展 [J]. 新疆石油地质, 2013, 34 (2): 228-231.

[113] 贺沛, 周德胜. 同步压裂时裂缝延伸规律 [J]. 大庆石油地质与开发, 2016, 35 (4): 102-108.

[114] Hantush M S, Jacob C E. Non-steady green's functions for an infinite strip of leaky aquifer [J]. Eos Transactions American Geophysical Union, 1955, 36 (1): 101-112.

[115] Kikani J, Pedrosa O A. Perturbation analysis of stress-sensitive reservoirs [J]. Spe Formation Evaluation, 1991, 6 (3): 379-386.

[116] Yeung K, Chakrabarty C, Zhang X. An approximate analytical study of

aquifers with pressure sensitive formation permeability [J]. Water Resources Research, 1993, 29 (10): 3495 - 3502.

[117] 梁景伟, 金裘明. 压敏油藏的压力动态摄动分析 [J]. 岩石力学与工程学报, 2002, 21 (s2): 2422 - 2428.

[118] Wang S, Ma M, Ding W, et al. Approximate Analytical-Pressure Studies on Dual-Porosity Reservoirs With Stress-Sensitive Permeability [J]. Spe Reservoir Evaluation & Engineering, 2015, 5: 523 - 534.

[119] Stehfest, H., 1970. Numerical inversion of laplace transforms. Commun. ACM13 (1), 47 - 49.

[120] 方思冬, 程林松, 李彩云, 等. 应力敏感油藏多角度裂缝压裂水平井产量模型 [J]. 东北石油大学学报, 2015, 39 (1): 87 - 94.

[121] Ting Huang, Xiao Guo, Feifei Chen. Modeling transient flow behavior of a multiscale triple porosity model for shale gas reservoirs. Journal of Natural Gas Science and Engineering, 2015 23: 33 - 46.

[122] Cipolla C L, Warpinski N R, Mayerhofer M J, et al. The Relationship Between Fracture Complexity, Reservoir Properties, and Fracture Treatment Design [J]. Spe Production & Operations, 2008, 25 (4): 438 - 452.

[123] Mayerhofer M J, Lolon E P, Youngblood J E, et al. Integration of Microseismic-Fracture-Mapping Results With Numerical Fracture Network Production Modeling in the Barnett Shale [J]. Society of Petroleum Engineers, 2006, 3: 112 - 123.

[124] 高春光. 各向异性储层渗流理论研究与应用 [D]. 中国地质大学 (北京), 2006.

[125] 刘月田. 各向异性油藏水平井渗流和产能分析 [J]. 石油大学学报 (自然科学版), 2002, 04: 40 - 44.

[126] M. Muskat. The Flow of Homogeneous Fluids Through Porous Media [M]. McGraw-Hill Book Co, Inc., New York, 1937: 902 - 903.

[127] 刘月田. 各向异性油藏注水开发布井理论与方法 [J]. 石油勘探与开发, 2005, 05: 101 - 104.

[128] Karimi-Fard M, Durlofsky L J, Aziz K. An Efficient Discrete-Fracture Model Applicable for General-Purpose Reservoir Simulators [J]. Spe Journal, 2004, 9 (2): 227 -236.

[129] Zhang Y, Porcu M M, Ehlig-Economides C A, et al. Comprehensive Model for Flow Behavior of High-Performance Fracture Completions [J]. Spe Production & Operations, 2010, 25 (4): 484 -497.

[130] Welling R. Conventional High Rate Well Completions: Limitations of Frac&Pack, High Rate Water Pack and Open Hole Gravel Pack Completions [J]. 1998, 35: 453 -467.

[131] Tosic S, Ehlig-Economides C A, Economides M J, et al. New Flux Surveillance Approach for High Rate Wells [J]. 2008, 34: 33 -45.

[132] Firoozabadi H M, Rahimzade K, Pourafshari P. Field validation of pressure drop models in perforated section of gas condensate wells [J]. Journal of Natural Gas Science & Engineering, 2011, 3 (2): 375 -381.

[133] 周生田, 张琪. 水平井筒压降计算方法 [J]. 石油钻采工艺, 1997, 19 (1): 53 -59.

[134] 韩国庆, 毛凤英, 吴晓东, 等. 非对称鱼骨状分支井形态优化模型 [J]. 石油学报, 2009, 30 (1): 92 -95.

[135] Du C, Zhang X, Melton B, etal. A work flow for integrated Barnett shale gas reservoir modeling and simulation [C]. SPE122934, 2009: 1 -12.

[136] Li J, Du C, Zhang X. Critical Evaluations of Shale Gas Reservoir Simulation Approaches: Single Porosity and Dual Porosity Modeling [C]. SPE 141756, 2011: 1 -15.

[137] Miller M, Jenkins C, Rai R. Applying Innovative Production Modeling Techniques to Quantify Fracture Characteristics, Reservoir Properties, and Well Performance in Shale Gas Reservoirs [J]. University of Edinburgh, 2010, 7: 232 -243.

[138] Gong B, Qin G, Douglas C, et al. Detailed Modeling of the Complex Fracture Network and Near-well Effects of Shale Gas Reservoirs [C]. SPE 142705, 2011: 1 -13.

[139] Tiab D. Direct Type-Curve Synthesis of Pressure Transient Tests [J]. Society of Petroleum Engineers, 1989: 595 – 604.

[140] Tiab D. Analysis of Pressure and Pressure Derivatives Without Type-Curve Matching: I-Skin and Wellbore Storage [J]. Journal of Petroleum Science & Engineering, 1993, 12 (3): 171 – 181.

[141] Tiab D. Analysis of pressure and pressure derivative without type-curve matching: Vertically fractured wells in closed systems [J]. Journal of Petroleum Science & Engineering, 1994, 11 (4): 323 – 333.

[142] Engler T, Tiab D. Interpretation of Pressure Tests in Naturally Fractured Reservoirs Without Type Curve Matching [J]. Oil Field, 1996: 177 – 188.

[143] Jongkittinarukorn K, Tiab D. Analysis of Pressure And Pressure Derivative Without Type Curve Matching A Vertical Well In MUlti-boundary Systems [J]. Oil Field, 1997: 23 – 32.

[144] 任宗孝, 吴晓东, 何晓君, 等. 各向异性油藏倾斜裂缝水平井非稳态压力模型 [J]. 断块油气田, 2017, 24 (1): 74 – 78.

[145] 王海静, 薛世峰, 高存法, 等. 非均质各向异性油藏水平井流入动态 [J]. 东北石油大学学报, 2012, 36 (3): 79 – 85.

附件 A　无因次变量定义

$$p_{Dj} = \frac{2\pi k_{if} h(p_i - p_j)}{\mu Q} \quad j = f/m \quad (A-1)$$

$$q_{fD} = \frac{q_f}{Q} \quad (A-2)$$

$$\eta_D = \frac{2\pi k_{if} h}{\mu Q} \eta \quad (A-3)$$

$$t_D = \frac{k_{if} t}{(\phi c)_{f+m} \mu L^2} \quad (A-4)$$

$$r_D = \frac{r}{L} \quad (A-5)$$

$$\omega = \frac{(V\phi c_t)_f}{[(V\phi c_t)_f + (V\phi c_t)_m]} \quad (A-6)$$

$$\lambda = \frac{\sigma k_m L^2}{k_{if}} \quad (A-7)$$

这里需要特别注意的是，在定产条件下求解多口体积压裂水平井压力变化时，Q 为各井的产量之和：

$$Q = Q_A + Q_B + \cdots + Q_i \quad (A-8)$$

附件 B 定解条件

无限大双重介质油藏中有一点源,该点在油藏尺度上无限小,在微观尺度上足够大。在 $t=0$ 时刻累积产出液量为 $\tilde{q}$,假设在 $t=0$ 瞬间流出点源的流量为 $q(t)$。则累计产出液量 $\tilde{q}$ 与瞬间流量 $q(t)$ 之间的关系为:

$$\int_0^t q(t)\,\mathrm{d}t = \tilde{q} \qquad (\text{B}-1)$$

该点附近地层流体流入点源的流量等于流出量 $\tilde{q}$,数学模型表示为:

$$\int_0^t \left[\lim_{\varepsilon \to 0} \frac{4\pi k_\mathrm{f}}{\mu} L \left(r_\mathrm{D}^2 \frac{\partial \Delta p_\mathrm{f}}{\partial r_\mathrm{D}}\right)_{r_\mathrm{D}=\varepsilon}\right] \mathrm{d}t = \tilde{q} \qquad (\text{B}-2)$$

由 $\delta(t)$ 函数性质知:

$$\lim_{\varepsilon \to 0} \frac{4\pi k_\mathrm{if} e^{-\alpha(p_\mathrm{i}-p_\mathrm{f})}}{\mu} L \left(r_\mathrm{D}^2 \frac{\partial \Delta p_\mathrm{f}}{\partial r_\mathrm{D}}\right)_{r_\mathrm{D}=\varepsilon} = -\tilde{q}\delta(t) \qquad (\text{B}-3)$$

(B-3) 为内边界条件,初始边界条件和外边界条件分别为:

$$\Delta p_\mathrm{f}(r_\mathrm{D}, t_\mathrm{D}=0) = 0 \qquad (\text{B}-4)$$

$$\Delta p_\mathrm{f}(r_\mathrm{D} \to \infty, t_\mathrm{D}) = 0 \qquad (\text{B}-5)$$

引入摄动变换并取 0 阶摄动解,式(B-3)、式(B-4)以及式(B-5)可化为:

$$\lim_{\varepsilon \to 0} \frac{4\pi k_\mathrm{if}}{\mu} L \left(r_\mathrm{D}^2 \frac{\mathrm{d}\bar{\eta}_0}{\partial r_\mathrm{D}}\right)_{r_\mathrm{D}=\varepsilon} = -\tilde{q}\delta(t) \qquad (\text{B}-6)$$

$$\eta_0(r_D \to \infty, t_D) = 0 \qquad (B-7)$$

$$\eta_0(r_D, t_D = 0) = 0 \qquad (B-8)$$

$\delta(t)$ 函数的拉氏变换为：

$$\int_0^\infty e^{(-st_D)} \delta(t) \mathrm{d}t_D = \frac{\zeta}{L^2} \int_0^\infty e^{(-s\frac{\zeta}{L^2}t)} \delta(t) \mathrm{d}t = \frac{\zeta}{L^2} \qquad (B-9)$$

则式（B-6）、式（B-7）以及式（B-8）的拉氏变换分别为：

$$\lim_{\varepsilon \to 0} \frac{4\pi k_{if}}{\mu} L \left(r_D^2 \frac{\mathrm{d}\bar{\eta}_0}{\partial r_D} \right)_{r_D = \varepsilon} = -\frac{k_f \tilde{q}}{\left[(V\phi c_t)_f + (V\phi c_t)_m \right] L^2 \mu}$$

$$(B-10)$$

$$\bar{\eta}_0(r_D \to \infty, t_D) = 0 \qquad (B-11)$$

$$\bar{\eta}_0(r_D, t_D = 0) = 0 \qquad (B-12)$$

附件C 致密油藏体积压裂水平井多井产能模型敏感性分析

C.1 地层渗透率模量敏感性分析

两口体积压裂水平井如图5-2所示,所用其他基础参数见表5-1。当地层渗透率模量敏感系数分别为0、0.05、0.1时,水平井无因次压降变化如图C-1所示(由于在同一油藏条件下,参数相同两口井的无因次压降曲线完全一致。所以,在本小节分析中,只对不同地层应力敏感时A井的数据作对比分析。B井的数据和A井的生产数据完全一致)。

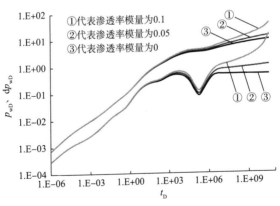

图C-1 体积压裂水平井无因次压降曲线

由图 C-1 可知，地层应力敏感对多口井的影响与对单口井的影响相同（参见 4.24 小节）。地层渗透率模量的大小对水平井前期渗流阶段几乎没有影响，但对后期渗流影响较大。这是由于随着开发的进行，地层的压降越来越大，地层应力敏感现象也越来越显著。地层渗透率越来越低，导致开发后期压降损耗增加，无因次压降曲线迅速上翘。

C.2 储容比敏感性分析

其他参数不变，当致密油藏储容比分别为 0.3、0.03、0.003 时，储容比的变化对水平井生产的影响如下所示。

由图 C-2 可知，储容比大小对多口体积压裂水平井渗流规律的影响与对单口水平井影响基本一致（参见 4.2.5）。随着储容比的增大，无因次压降曲线以及无因次压降导数曲线逐渐向右移动，导致高储容比时相应流动阶段开始时间均晚于低储容比的水平井。

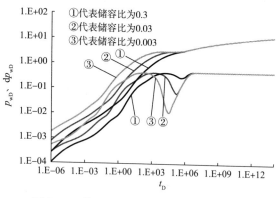

图 C-2 体积压裂水平井无因次压降曲线

由图 C-3 可知，储容比的大小对水平井累产影响较大。随着储容比的增加,水平井累产越来越大。

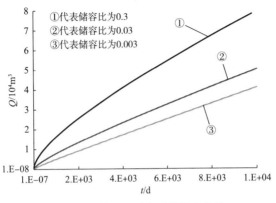

图C-3 体积压裂水平井累产曲线

C.3 窜流系数敏感性分析

其他参数不变,当地层窜流系数分别为 10^{-6}、10^{-4} 以及 10^{-2} 时,窜流系数的变化对水平井生产的影响如下所示。

由图C-4可知,窜流系数越大,窜流阶段出现时间越早,无因次压力曲线越靠左。由图C-5可知,窜流系数对水平井的累产影响较大,窜流系数越大水平井累产越高。

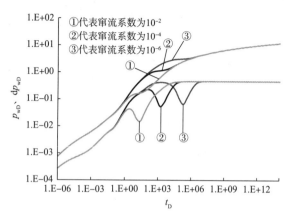

图 C-4 体积压裂水平井无因次压降曲线

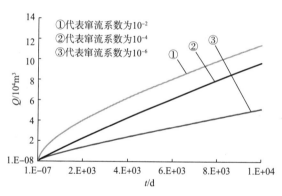

图 C-5 体积压裂水平井累产曲线